Society5.0時代における
情報モラル教育の理論と実践

―リスクへの「自覚」と「対応力」の育成を目指して―

酒井郷平／塩田真吾　編著

ムイスリ出版

はじめに

　情報技術の進展に伴い，私たちにとって情報機器は非常に身近なものになっています。日常では，子どもや大人がスマートフォンを所有し，動画やゲームを楽しんだり，SNS を通じて多様な人とコミュニケーションを行ったりしています。また，家電もインターネットやAIを活用しながら，より"最適"な暮らしを提供してくれています。

　子どもたちが多くの時間を過ごす学校でも，現行の学習指導要領において情報活用能力が学習の基盤となる資質・能力として位置づけられたことにより，情報技術を活用した学びが充実されつつあります。情報活用能力は，これからの社会を生きる子どもたちにとって重要な力であり，学校での活動を通じて，段階的に社会で必要となる情報活用能力を身につけていくことが望まれます。こうした背景から実施された GIGA スクール構想に伴い，学校では児童生徒に1人1台端末が導入され，クラウドを活用しながら授業に参加する，教員も電子黒板やデジタル教科書を活用しながら授業を行うという光景が珍しいものではなくなっています。

　このように超情報社会である Society5.0 時代が近づきつつある日常の中で，スマートフォンやその他の情報端末に起因した問題も発生しています。SNS によるいじめ，不適切投稿，性被害，著作権侵害など，日々，ニュースや新聞などでもこうした事件が報道されています。そこで，より重要となってくるのが，本書のテーマとなる「情報モラル」です。世の中の科学技術は，使い方によってその影響が左右されます。使う側が誤った使い方をすれば，便利なものも悪になってしまう恐れがあります。そういった意味でも，情報モラルは，情報技術が進展しても無くなることがない概念であると考えています。先の学習指導要領で示されている情報活用能力においても，「情報モラルを含む。」と明記されており，情報を上手に活用することとあわせて，リスクに対応していく力を身につけることも大切であることが読み取れます。

本書では，Society5.0時代における情報モラル教育のあり方やこれから生じうるリスクへどのように対応していけば良いかということについて，理論と実践の両面から考えていきたいと思います。学校現場で日々の情報モラル教育に悩まれている先生方やこれから教師を目指す大学生，その他情報モラル教育にご興味をお持ちの方を想定して執筆をいたしました。

　本書は，大きく2部で構成されています。「Ⅰ．理論編」では，これからの時代に求められる情報モラル教育（第1章）や子どもたちの行動変容に向けたアプローチ（第2章），情報モラル教育とルール（第3章），AIと情報モラル教育（第4章），情報セキュリティ教育（第5章），情報モラル教育と余暇（第6章），組織的・体系的な情報モラル教育（第7章）についてまとめています。「Ⅱ．実践編」では，小学校高学年と中学生を対象とした情報モラルの授業実践とその成果について報告しています。

　本書を通じて，少しでも子どもたちの情報モラル教育が効果的なものとなり，Society5.0時代によりよい情報の使い手を育てていくことに貢献できることを願っています。

　なお，本書は令和2年度〜令和6年度科学研究費助成金若手研究「応用行動分析に基づく学習者の行動変容を目的とした情報モラル教育の実践的研究」（研究課題番号：20K14097）の研究成果を中心に構成しています。

令和7年3月吉日
編著者　酒井　郷平／塩田　真吾

目 次

はじめに ……………………………………………………………… ⅲ

Ⅰ. 理論編

第 1 章　これから求められる情報モラル教育とは ……………… 3
　1.1　情報活用能力としての情報モラル　3
　1.2　「リスクに対応する力」をどう育てるか　7
　1.3　組織的・体系的な情報モラル教育の実施に向けて　11

第 2 章　行動変容を意識した情報モラル教育のアプローチ …… 15
　2.1　「トラブル事例の紹介」でトラブルを防ぐことが出来るのか　15
　2.2　教員を対象とした情報端末の過剰利用に対するアプローチ方法の実態調査　18
　2.3　学校や家庭で行える行動変容のためのアプローチの例　21
　2.4　子どもたちの行動変容につなげる指導に向けて　25

第 3 章　情報モラル教育とルール ………………………………… 27
　3.1　情報モラル教育の射程　27
　3.2　情報通信社会における情報の特性　29
　3.3　倫理学の知見に基づくルールの考え方　32
　3.4　ルールづくりという「契約」に向けて　38

第 4 章　AIと情報モラル教育 ……………………………………… 41
　4.1　生成AIの仕組みと利用における留意点　41
　4.2　子供が遭遇するであろうリスク　44
　4.3　本章のまとめ　52

第 5 章　子ども・教員を対象とした情報セキュリティ教育　……　55

5.1　教育情報セキュリティに関する今日的課題　55
5.2　子ども向け情報セキュリティ教材　58
5.3　教員向け情報セキュリティ研修教材　61
5.4　本章のまとめ　63

第 6 章　情報モラル教育と余暇　……………………………　65

6.1　情報端末の長時間利用の問題　65
6.2　情報端末の長時間利用と余暇　67
6.3　高校生の余暇の実態　69
6.4　学校における余暇教育の実践　72
6.5　今後の展望　75

第 7 章　情報モラルを組織的・体系的に進めるために　………　77

7.1　情報モラル教育に対する教員の悩み　77
7.2　組織的・体系的な情報モラル教材の紹介　80
7.3　組織的・体系的な情報モラル教育の実践例　83
7.4　実践の成果と今後の展望　86
【コラム①】学校現場における労働環境の改善と情報モラル教育の量的な指導の拡充に向けて　88

Ⅱ. 実践編

第 8 章　小学校高学年を対象とした保護者参観における授業の実践
　……………………………………　93

8.1　授業の開発　93
8.2　授業の実践　98
8.3　本章のまとめ　100
【コラム②】小学校における情報モラル教育の現状と課題　102

第 9 章　中学生を対象としたタイムマネジメントの力を育む授業の実践
　　　　　　　　‥‥‥‥‥‥‥‥‥‥‥‥‥‥‥‥‥‥‥‥　105
　9.1　授業の開発　　105
　9.2　授業の実践　　110
　9.3　本章のまとめ　　113
　【コラム③】　中学校における情報モラル教育の現状と課題　　114

参考文献 ‥‥‥‥‥‥‥‥‥‥‥‥‥‥‥‥‥‥‥‥‥‥‥‥　117

I. 理論編

第1章
これから求められる情報モラル教育とは

1.1 情報活用能力としての情報モラル

(1) 学習の基盤となる情報活用能力

　これからの情報モラル教育について検討するためには，まずは情報活用能力を理解する必要があります。平成29・30年に告示された学習指導要領では，情報活用能力は，言語能力や問題発見・解決能力と並び「学習の基盤となる資質・能力」のひとつに位置づけられています。

　この情報活用能力は，大まかに，文字入力や端末操作などの「基本的な操作スキル」，探究的な学びで活用される情報収集やまとめ・表現などの「探究スキル」（プログラミング的思考を含む），そしてコミュニケーションや健康などの「情報モラル」の3つに分けることができます。

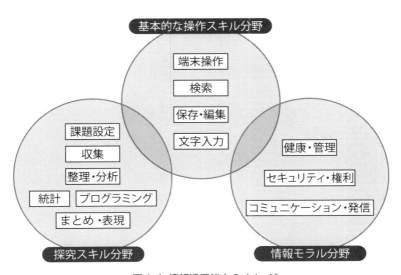

図1-1 情報活用能力のイメージ

では，こうした情報活用能力は，端末を使えば使うほど向上するのでしょうか。確かに「基本的な操作スキル」は向上しますが，果たして「探究スキル」や「情報モラル」はどうでしょうか。端末を使えば使うほど，「探究スキル」や「情報モラル」は向上するのでしょうか。

残念ながら，こうした力は，端末を使えば使うほど向上するわけではありません。例えば，端末を使って情報を収集したり，スライドを作成したりすることをたくさん経験したとしても，よりよく調べる力やより効果的に表現する力は，その方法を学ばなければ身につけることができません。1人1台端末活用が定着してきたからこそ，今後は，こうした情報活用能力の育成が課題と言えるでしょう。

（2）情報活用能力としての情報モラルの位置づけ

情報モラルは，こうした情報活用能力の一部に位置づけられます。情報モラルというと，「情報社会で適正な活動を行うための基になる考え方と態度」という定義だけが先行してしまいますが，まずは学習指導要領の総則編を見てみましょう。

> 情報モラルとは，「情報社会で適正な活動を行うための基になる考え方と態度」であり，具体的には，他者への影響を考え，人権，知的財産権など自他の権利を尊重し情報社会での行動に責任をもつことや，犯罪被害を含む危険の回避など情報を正しく安全に利用できること，コンピュータなどの情報機器の使用による健康との関わりを理解することなどである。
>
> このため，情報発信による他人や社会への影響について考えさせる学習活動，ネットワーク上のルールやマナーを守ることの意味について考えさせる学習活動，情報には自他の権利があることを考えさせる学習活動，情報には誤ったものや危険なものがあることを考えさせる学習活動，健康を害するような行動について考えさせる学習活動などを通じて，児童に情報モラルを確実に身に付けさせるようにすること

> が必要である。その際，情報の収集，判断，処理，発信など情報を活用する各場面での情報モラルについて学習させることが重要である。
>
> また，情報技術やサービスの変化，児童のインターネットの使い方の変化に伴い，学校や教師はその実態や影響に係る最新の情報の入手に努め，それに基づいた適切な指導に配慮することが必要である。併せて児童の発達の段階に応じて，例えば，インターネット上に発信された情報は基本的には広く公開される可能性がある，どこかに記録が残り完全に消し去ることはできないといった，情報や情報技術の特性についての理解に基づく情報モラルを身に付けさせ，将来の新たな機器やサービス，あるいは危険の出現にも適切に対応できるようにすることが重要である。
>
> さらに，情報モラルに関する指導は，道徳科や特別活動のみで実施するものではなく，各教科等との連携や，さらに生徒指導との連携も図りながら実施することが重要である。

これらを読み解くと，情報モラルで学ぶ内容は決して「個人のことを中心とした，使わせないという禁止の教育」ではなく，活用を前提として，自他の権利や情報社会での行動に責任を持つことなどの内容が含まれていることがわかります。

さらに，「将来の新たな機器やサービス，あるいは危険の出現にも適切に対応できるようにすることが重要」と書かれており，これらはまさに生成AIのような新しい技術が出た場合に対応する力であると言えます。

情報モラルを指導するには，まずは情報モラルが情報活用能力の一部であることを理解した上で，情報を上手に活用する力と情報のリスクに対応する力を身につけさせることが必要となります。当然のことながら，何かを「活用」する際には，そのリスク対応も同時に要求されます。

例えば，資産の「活用」と言えば，資産を上手に活用して増やすという反面，資産を減らすというリスクの回避も重要になります。情報を「活用」する際には，そのリスクや対応方法についても学ぶ必要があると言

えます。

（3）情報モラル教育で「リスクに対応する力」を育てる

では，これまでの情報モラル教育では，この「リスクに対応する力」を育てることができていたのでしょうか。

そもそも「リスク」とは，被害が発生する確率と被害が起きた場合の影響の大きさで考えられます。そのリスクを適切に管理することがリスクマネジメントです。このリスクマネジメントの考え方を援用すると，そのステップは，まずは①リスクへの自覚，次に②リスクの発見，そして③リスクの見積もり（分析・評価），最後に④リスクへの対応と考えることができます。

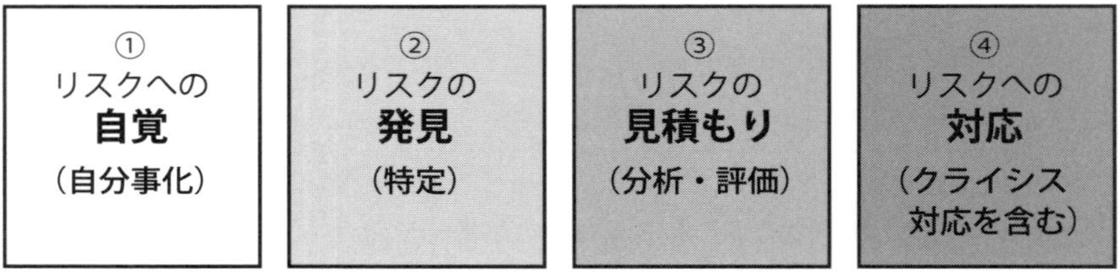

| ① リスクへの自覚（自分事化） | ② リスクの発見（特定） | ③ リスクの見積もり（分析・評価） | ④ リスクへの対応（クライシス対応を含む） |

図1-2 リスクマネジメントを援用した情報モラル教育のステップ

では，これまでの情報モラル教育では，この4ステップをすべて実施できていたのでしょうか。

多くの学校での情報モラルの指導は，「トラブル事例をベースとした指導」が中心となっており，「こんなトラブル事例があります。どうすればよいか考えてみましょう」というトラブル事例の紹介（②リスクの発見）とそれをもとにした議論（④リスクへの対応）に終始しているのが現状ではないでしょうか。

しかし，こうした指導では，子どもたちは「自分はそんなトラブルになんてあわないし」となってしまい，リスクへの自覚が生まれにくくなります。学校やクラスで実際に起きたトラブル事例を扱えば，「題材が身

近なので自分ごととして考えるだろう」と思いがちですが，実際は，そのトラブルの背景を考えてしまい，「あれは1組のAさんが起こしたトラブルだから，自分は大丈夫だろう」と他人事になってしまいます。つまり，いくら情報モラルの指導をしたところで，子どもたちがトラブルを自分のこととして自覚していなければ改善につながりません。

　さらに，従来の情報モラル教育では，「何が危険か」に焦点が当てられて指導が行われてきました。しかし，現在のリスク教育では，KYT（危険予知トレーニング）に代表されるように，「何が危険か」だけでなく，それが「どのくらい危険か」までを検討し，リスクを分析し，評価することが主流となっています。

　つまり，これまでは「②リスクを発見」させて，「④リスクへの対応」を議論させていた情報モラル教育を，まずは「①リスクへの自覚」を促し，その上で「③リスクの見積もり」を重視しながら対応を考えさせる情報モラル教育へと転換していく必要があります。

1.2 「リスクに対応する力」をどう育てるか

（1）基礎となるのは「自覚」を促す指導

　では，具体的にどのように情報モラル教育を進めればよいでしょうか。ここでは自覚を促す2つの指導方法を見ていきましょう。

　1つ目は，「カード分類比較法」による自覚を促す指導方法です。このカード分類比較法では，自分と他者との感じ方のズレについて，カード教材を通して考えさせ，議論させることにより，子どもたちにトラブルを自分のこととして自覚させることができます。

　例えば，「自分とみんなの嫌なこと」というワークでは，「①すぐに返信がない」「②なかなか会話が終わらない」「③知らないところで自分の話題が出ている」「④話をしている時にケータイ・スマホを触っている」「⑤自分が一緒に写っている写真を公開される」という5つを嫌な順に並び替えて，グループで共有します。実際の授業では，「私は『自分が一

緒に写っている写真を公開される』ことは全然平気だったけど、一番嫌だって思う人もいるんだ！」という声を聞くことができます。

❶ あなたが、SNS等でクラスの友だちからされて「嫌だ」と感じる順に並べてみましょう。

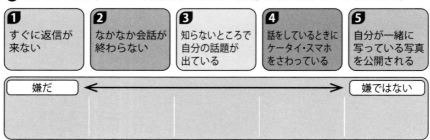

図1-3 カード分類比較法によるトラブルへの「自覚」を促す教材

2つ目は、「場面強制想像法」による自覚を促す指導方法です。この場面強制想像法では、「自分がやってしまう場面」をあえて想像させることで、子どもたちにトラブルを自分のこととして自覚させることができます。

例えば、飲食店でふざけた写真を撮ってしまうというトラブルで考えてみましょう。従来の指導では、様々なトラブル事例を紹介し、気をつけさせるという方法がとられてきましたが、こうしたトラブル事例を紹介されても、子どもたちは「自分は絶対にそんなことしない」となってしまい、トラブルを自分のこととして自覚することができません。

そこで、あえて「自分が飲食店でふざけた写真を撮ってしまう場面」を想像させ、グループで共有させます。すると、「部活の大会が終わった後にテンションがあがったとき」や「仲の良い友達と罰ゲームでやってしまうかも」といった場面が出され、「もしかしたら自分もやってしまうかも」という声を聞くことができます。

こうしたカード分類比較法や場面強制想像法を用いて、「自分もやってしまうかもしれない」というトラブルへの自覚を促すことが、行動変容の第一歩となります。

図1-4 場面強制想像法によるトラブルへの「自覚」を促す教材

（２）「何が危険か」から「どのくらい危険か」へ

　トラブルへの「自覚」の次にポイントとなるのが「どのくらい危険か」という「リスクの範囲」と「リスクの程度」です。情報モラル教育に限らず，従来のリスク教育では，「何が危険か」に焦点が当てられて指導が行われてきました。例えば，交通安全教育では，「交差点が危険」「横断時が危険」など危険を見つける指導が挙げられます。しかし，現在のリスク教育では，先に述べたように「何が危険か」だけでなく，それが「どのくらい危険か」までを検討することが主流となっています。

　情報モラル教育においても，「何が危険か」に焦点が当てられて指導が散見されます。例えば，各自の端末からアクセスして情報モラル教育を学ぶようなコンテンツでは，「写真や動画の公開」についての4択の問題が示され，「写真を公開すると個人情報が特定されてしまう」などを学ぶことができます。しかし，ここで学べるのは，「何が危険か」（知識）であり，こうした「何が危険か」は，「どんな写真」を「どこで公開するか」によってもリスクは変化します。例えば，仲の良い友達にLINEで送る場合と，X（旧：Twitter）で公開する場合とでは，同じ写真でもリスクは違ってきます。こうした「範囲」と「程度」に着目させながら，それが「どのくらい危険か」を考えさせることで，「これくらいは大丈夫だろう」という自分の判断の甘さに気づき，リスク回避の力をつけることができます。

　特に，ネット上の行動は目に見えない部分が多く，「こうしたらどうなるか」を想像することが難しいため，より「どのくらい危険か」を想像させるトレーニングが必要になります。例えば，写真の公開についても，従来のように「写真を公開すると個人情報が特定されてしまう」という「何が危険か」（知識）だけではなく，写真を公開した場合のリスクの「範囲」と「程度」に着目させながら，それが「どのくらい危険か」を考えさせることで，「これくらいは大丈夫だろう」という自分の判断の甘さに気づくことができます。リスクを0か1か（リスクがあるかないか）で考えるのではなく，「どの程度のリスクがあるのか」を考えさせることが重要となります。

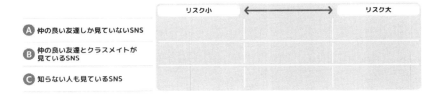

図1-5 「どのくらい危険か」というリスクの変化を考える教材

1.3 組織的・体系的な情報モラル教育の実施に向けて

(1) ICTを活用する場面で情報モラルを考えさせる

　こうした情報モラル教育を実際する場合，まず課題となるのが時間の確保です。

　現在は，道徳，学級活動，総合的な学習の時間などで，ICTの得意な先生が中心になって，イベント的に単発で指導するケースが多く見られます。もちろんこれらは引き続き実施しながらも，組織的・体系的に情報モラル教育を実施するのならば，各教科での情報モラル教育の実践や多くの先生方による実践も求められるでしょう。

　そこで意識したいのが，各教科等のICTを活用する場面で少しずつ情報モラル教育を取り入れることです。例えば，ICTを使って検索する時

には，上手な検索のスキルとともに「調べた情報は本当に正しいのか」について考えさせたり，ICT を使って何かを制作する場合には，上手な制作の方法とともに著作権や知的財産権について考えさせたりするやり方です。

今後は，道徳や学級活動，総合的な学習の時間等で，ある程度時間を取って行うケースと，各教科等の ICT 活用場面で短く行うケースの 2 つのやり方が重要となります。45 分や 50 分の授業だけではなく，ICT を活用する場面において 10 分や 15 分の短い時間でも情報モラルを指導していくことになれば，全ての先生方が必ず情報モラルを教えることにつながります。

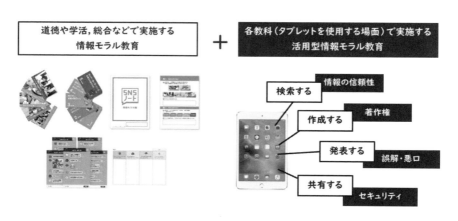

図 1-6　ICT を活用する場面でも情報モラルを考えさせる

（2）ステップを意識して情報モラル教育の日常化を

こうした情報モラル教育を校内で組織的・体系的に進めるために，3 つのステップを意識して進めるとよいでしょう。

まずは，情報モラル教育の教え方をアップデートするステップです。従来のようなトラブル事例を紹介し議論するだけの他人事になってしまう指導からの脱却が必要です。

次に，多くの先生，様々な教科，そして家庭でも実践できるように「広

げる」ステップです。既述したように45分や50分の授業だけではなく，ICTを活用する場面において10分や15分の短い時間でも情報モラルを指導することや，家庭に持ち帰って保護者と議論することなども重要です。

最後に，年間指導計画に位置付けて，情報モラル教育を計画的に日常化していくというステップです。情報モラル教育を計画的に日常に埋め込み，単発的なトラブル対応ではなく，年間を通した情報モラルを含む情報活用能力の育成に取り組みましょう。

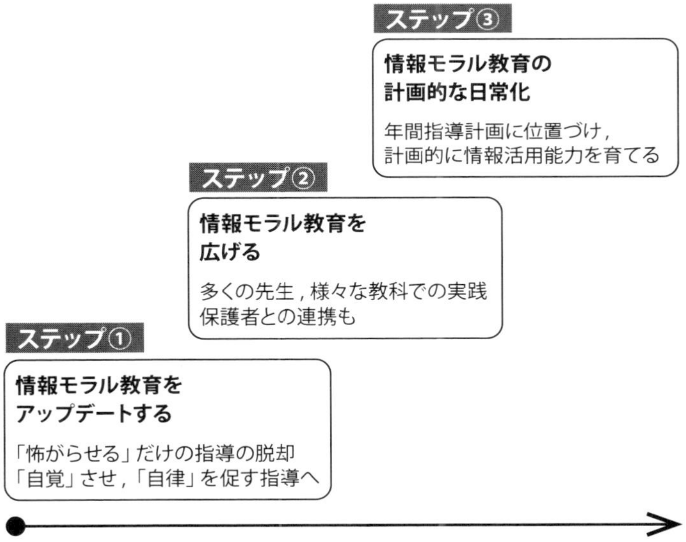

ステップ③
情報モラル教育の
計画的な日常化
年間指導計画に位置づけ，
計画的に情報活用能力を育てる

ステップ②
情報モラル教育を
広げる
多くの先生，様々な教科での実践
保護者との連携も

ステップ①
情報モラル教育を
アップデートする
「怖がらせる」だけの指導の脱却
「自覚」させ，「自律」を促す指導へ

図1-7　組織的・体系的な実施に向けた3つのステップ

第2章
行動変容を意識した情報モラル教育のアプローチ

　最近では，子どもたちのスマートフォン所有率の増加や学校でのGIGA端末の整備に伴い，情報モラルに起因するトラブルがより身近なものになっています。

　そこで本章では，Society5.0時代における情報モラル教育として，児童生徒の行動変容を意識した情報モラル教育の実現に向けたアプローチについて整理を行います。

2.1 「トラブル事例の紹介」でトラブルを防ぐことが出来るのか

（1）トラブル事例を伝える指導の課題

　最近では，ニュースや新聞などでスマートフォンやSNSに関するトラブルが報道されることが多くなりました。例えば，飲食店での不適切な行為をスマートフォンで撮影しSNSに投稿するといった事案やSNS上で知り合った人から性的な被害を受けるといった事案，保護者に内緒でスマホゲームに高額課金をしてしまう事案などが挙げられます。このようなトラブルは，当事者にとって社会的・身体的・金銭的に大きな影響を与えてしまうことから，情報モラル教育の観点からも予防や抑止が必要な内容となります。

　こうした現状に対して，学校現場では有識者の講演などを通じて，実際に起きたトラブル事例を子どもたちに伝えて怖がらせるといった指導も散見されます（酒井ら2016）。こうした指導を通じて，子どもたちは実際に起きているトラブルの内容や被害を知識として獲得することになり

ます。こうした指導の後に子どもたちからは,「SNSの使い方を間違えると怖いということがわかった」,「大変なことにならないように,これからはスマートフォンやSNSに気をつけて使っていきたい」といった感想が出されることが多いのではないでしょうか。

　もちろん,こうした指導により子どもたちはスマートフォンやSNSに起因するリスクを知ることが出来るため,情報モラルの知識を得ることは出来るでしょう。しかしながら,こうしたトラブル事例の知識を伝えることで,情報モラル教育としての指導は十分なのでしょうか。

　玉田・松田（2009）は,情報モラルに必要となる3種の知識（道徳的規範知識,情報技術の知識,合理的判断の知識）による情報モラルの指導法を提案しています。ここでの知識は,先のようなトラブル事例やルールを教え込む指導ではなく,情報モラルを活用した判断に必要な知識を厳選して,判断力を高めるための見方・考え方の指導に重点を置いた方法を検討しています。そのため,情報モラルに関する知識といっても,事例を中心とした知識だけではなく,適切な判断や選択を行うために必要となる知識にも目を向ける必要があるでしょう。

　また,満下ら（2022）は,情報モラルの知識がトラブルの経験頻度にどのような影響を及ぼすかについて検討を行っています。この研究によれば,情報モラルの知識によってトラブルの予防には効果があると言える一方で,それは知識の領域とトラブルの種類,そしてトラブルの重大性によって異なることが示されています。すなわち,情報モラルの知識を獲得するだけでは,抑止できない領域も存在する可能性が考えられます。

　こうしたことから,情報モラル教育においてトラブル事例を紹介するだけでは,情報モラルに関するトラブルを抑制することは難しく,異なるアプローチと併用的に行っていくことが必要であると考えられます。

（2）行動変容を意識した指導の必要性

　情報モラル教育では,子どもたちに道徳的規範意識を醸成するととも

に，日常生活のトラブルを防ぐという即時的効果も求められます。そのため，子どもたちには「危険がわかる」という部分に留まらず，実際に「危険の回避や対処につながる行動ができる」という部分が求められます。こうした行動変容には，段階的なステージがあることが示されています。例えば，表 2-1 は，プロチャスカ（Prochaska *et al.*,1982）が禁煙に対する行動変容ステージとして提唱しました。その後，この行動変容ステージモデルは，ダイエットや運動など健康に関する行動変容にも応用されています。

表 2-1 行動変容ステージ

ステージ	定義	行動の状態
前熟考期	今後 6 か月以内に行動する意図がない	行動変容前
熟考期	今後 6 か月以内に行動する意図がある	
準備期	今後 1 か月以内に行動する意図がある 行動への準備を始めている	
実行期	行動を変容して 6 か月未満である	行動変容後
維持期	行動を変容して 6 か月以上である	

　この行動変容ステージを情報モラル教育にあてはめると，子どもたちの多くは前熟考期にあることがほとんどかもしれません。スマートフォンや SNS が危険と頭ではわかっていても，特に行動を変えようとは考えていない段階です。こうした子どもたちに対しては，まずは行動を変える必要があるという「自覚」を促す必要があるでしょう（第 1 章参照）。前熟考期 に該当する子どもたちに対して，いくら危険性や対応方法を事例ベースで伝達しても，行動変容まで至らず，トラブルにあってしまう可能性が高まります。
　また，熟考期や準備期の子どもたちにも，「気をつける」ということだけではなく，具体的に危険性を見積もる力や実際の対処方法を身につけておかなければ，誤った行動につながる恐れがあります。「絶対に〜はし

ない」といった利用制限や「〜のときは，必ず〜する」といった一対一対応の手段の伝達ではなく，子どもたちが具体的に想像力をはたらかせながら，練習する場面をつくっていくことが必要となるでしょう。現在では，GIGA端末の整備も進められたため，例えば，子どもたちに1人1台端末で写真を撮らせる活動も可能となりました。その際，「クラスのみんなに共有しても良い写真」，「学校全体に共有しても良い写真」，「地域の人に共有しても良い写真」など段階を意識した撮影をすることで，公開範囲を意識した写真撮影の練習につなげることができます。

さらに，行動変容後の「実行期」においてもその先の「維持期」につなげるため，意図的に行っている行動を習慣化していく工夫が必要となるでしょう。これは簡単に行えることではありません。しかし，行動を変えたことによるベネフィットを実感したり，周囲との連携により環境を変化させたりすることで，実現することは可能です。このように子どもたちの日常の情報トラブルを回避するためには，行動の変容が重要であり，そのためのアプローチについてもいくつかの段階に分けて考える必要があります。

それでは，学校現場の先生方は，実際に子どもたちの日常の情報モラルに対して，どのようなアプローチを行っているのでしょうか。

2.2 教員を対象とした情報端末の過剰利用に対するアプローチ方法の実態調査

子どもたちの情報モラルに対する学校現場の先生方のアプローチ方法を明らかにするため，ここでは清水ら（2024）が行った「情報端末の過剰利用」を対象とした調査結果をみていくことにしましょう。

(1) 調査の方法

本調査では，児童生徒の情報端末の過剰利用に対する情報モラル教育のアプローチ方法の傾向を把握することを目的としました。具体的には，

教員が情報端末を使い過ぎていると感じている場面やその際の対応方法，また家庭で取り組んでもらいたいと考える対応方法を明らかにするため，X 県の A 中学校の計 16 名の教員（教員経験年数：5 年未満 2 名，5 年以上 10 年未満が 5 名，10 年以上 15 年未満が 2 名，15 年以上 20 年未満が 0 人，20 年以上 25 年未満が 1 名，25 年以上 30 年未満が 1 名，30 年以上が 5 名）に対して，調査への回答を依頼しました。

調査の質問項目は，「学校において生徒が情報端末を使い過ぎていると感じるのはどのような場面か？」，「情報端末を使い過ぎていると感じる場面において，生徒にどのような指導を行うか？」，「家庭や保護者に対して，生徒の情報端末の使い過ぎを防ぐためにはどのような方法を行ってもらうことが有効だと思いますか？」の 3 点です。調査への回答は無記名かつ任意とし，Google フォームによるオンライン形式を採用しました。

（2）結果
1）生徒が情報端末を使い過ぎていると感じる場面

「学校において生徒が情報端末を使い過ぎていると感じるのはどのような場面か？」の質問項目から得られた回答として，以下のような内容が得られました。

- 授業などとは関係のないことを検索している場面
- 休み時間にもずっとゲームをしている場面
- 課題（宿題）に対して翻訳機能を駆使して英作文を作成している場面
- 授業中に別のことをやっている場面

全体の傾向として，授業内容に関係ないことに利用している場面や休み時間にゲームをすることに対して，教員は情報端末を使い過ぎていると感じることが明らかとなりましたが，「学校で配布のものを使い過ぎている感じはしない」という回答もみられました。

2）生徒の情報端末の過剰利用に対するアプローチ方法の分類

「情報端末を使い過ぎていると感じる場面において，生徒にどのような指導を行うか？」の質問項目から得られた回答に対して，カテゴリによるアプローチ方法の分類を試みました。具体的な分類の手続きとして，例えば「今使用していい時かどうかを考えさせている」という回答に対しては，教員は生徒に今情報端末を使ってよい時かどうかを考えさせる際に，「問いかけ」によってきっかけを与えることが想定されるため，「問いかけ」のカテゴリとして分類しました。同様に，口頭での注意を行う内容に対しては，「注意」のカテゴリ，個別に呼び出すなどして対応する場合には，「個別指導」のカテゴリ，時間がわかるツールを置くなど，環境を変える内容に対しては，「環境構築」のカテゴリ，これらのいずれにもあてはまらない内容に対しては，「その他」のカテゴリを設定しました（表2-2）。

分類の結果，情報端末を過剰利用する生徒に対しては，「注意」（4件），「問いかけ」（4件）という指導をする回答が最も多く，そのほかの指導は「個別指導」（1件），「環境構築」（1件）という回答でした。この結果から，教員が行う情報端末の過剰利用に対する指導アプローチの方法の少なさが指摘できるかもしれません。さらに，最も回答の多かった「注意」や「問いかけ」という指導は，直近の過剰利用防止や学習規律の醸成においては有効であると考えられますが，情報モラル教育を実施する際には学習者の問題行動に対する自覚を促す必要性が指摘されている点から考えると，これらの指導が生徒に対して情報端末の過剰利用を自覚させ，適切な情報端末の利用へと行動変容を促すことにつながらない可能性も考えられます。そのため，これらの指導に加えて，学習者が自分の情報端末の過剰利用を自覚し，行動変容を促すための新たな教育手法を模索する必要があるのではないでしょうか。

表 2-2 生徒の情報端末の過剰利用に対するアプローチ方法の分類

分類	回答内容
注意	やることは終わってるの？と声がけ
	「やめよう」というよりは，「今やるべきことをやろう」というような声がけをしていますが，なかなか指導は難しいと感じています
	「授業や学習に必要なことに使います」と言って指導する
	調べるうちに不要な情報に触れていることがあるため，必要な情報だけを調べるよう指導
問いかけ	使う目的や，使う場面を考えるよう促す
	今使用していい時間かどうか考えさせている
	自分はどうなりたいのか（次のテストで○点をとりたい。志望校に合格したい。数学の証明がわかるようになりたい。など）をはっきりさせた上で，1日の生活リズム（時間の使い方）を確認する
	声掛け（やめるようには言っていない）
個別指導	個別指導をし，それでも改善しない場合には保護者と連絡を取り合いながら対応策を考える
環境構築	時間の使い方を視覚的に確認できるもの（計画表など）を作成し，時間の使い方について一緒に考える
その他	何かしらの指導を行っても，いたちごっこになっている気がする
	自分で考えてほしい
	特に対応なし

2.3 学校や家庭で行える行動変容のためのアプローチの例

　行動改善・行動変容を目的とした手法は，デザイン学や行動経済学など，様々な研究分野をまたいで試みられています。ここでは，日常でも様々な状況・場面で用いられている代表的なアプローチ方法についてご紹介します。

（1）制度（法律，ルールづくり）により罰則を与える方法

　ルールや法律には，一般に違反をした際の罰則が存在し，それらを受けることによって不適切な行動が弱化されます。宇津木（2015）が，「人

は利益を得る行動よりも，損失を避ける行動を優先的に選択すること」と述べているように，違反切符を切ったり罰金を科したりしてスピード違反や駐車違反を減らそうという取り組みや，スポーツの試合において危険なプレーをしたらその試合に出る権利を剥奪される行為がこれにあたります。

　情報モラル教育においても，各学級や家庭で決められているルールにより，子どもたちは不適切な行動をすることで，何らかの利益が消失し，不利益を被っている可能性があります。しかし，このような罰則を与えて行動を減少させるアプローチには，手続きを中断すると再びその行動が生じることも懸念されます。

　ルールや法律を違反する際の1つの要因として，モデリングが挙げられます。これは，ある場面においてモデルの特定の行動に罰が随伴しないとすれば，その特定行動はその場面における"行ってもよい行動"であると判断されるものです。例えば，先のスピード違反では，制限時速40kmの道路において，周りの車が時速60, 70kmを出していると時速40kmで走行していた人も時速60, 70kmで走行することはよく見られることです。ネットの過剰利用の場合も，「家族がスマホを長時間使っているから」という理由でモデリングしてしまうことが考えられます。

　このような事態に対応するため，ルールを作る際には，保護者だけで決定してしまうのではなく，子どもも作る過程に参加することが重要です。また，ルールの内容については，手段の相当性，明確性があるかどうかを判断する必要があります。ルールを作った目的を達成するために役立つルールであるかどうか（手段の相当性），意味がはっきりと分かるか，複数の解釈ができないか（明確性）を判断し，適切なルールを意識する必要があるでしょう。

（2）応用行動分析学を援用した方法

　応用行動分析学とは，行動分析学を活かして人々の生活をより豊かに変えるための実践分野です。行動分析学の応用範囲は学校教育，スポー

ツ，医療・健康・福祉分野，交通安全，企業での人材育成など多岐にわたっています。

　行動分析学は，吉野ら（2020）によると「人の問題行動に対し『やる気がないから』『調子が悪いから』『責任感が強いから』等の個人の責任とは結び付けずに，科学的に理解する学問」とされています。

　応用行動分析学の視点から未学習・未定着の行動を形成していくためには，以下の7ステップが必要とされています。

ステップ1：目標行動を具体的に決める
ステップ2：行動に結果を伴わせる
ステップ3：好子（行動の直後に生じることで，その後の行動の生起頻度や強度を上げる環境刺激や出来事）を探る
ステップ4：まだ獲得していない行動を形成する
ステップ5：単純な行動を単純な単位に分ける
ステップ6：単純な行動をつなげていく
ステップ7：行動が起こりやすくなるような事前の手助けをする

　宮本（2018）では，朝の会や授業開始時に教室におらず外で遊び続けている，授業と関係のないものが机上に置かれているなどの問題行動に対して応用行動分析の考え方が用いられています。まず，教師が児童を観察し，なぜその行動が生じているのかを分析し，時計が児童にとって行動変容を起こす要因になっていないと判断しました。そこで，授業開始時に「1分前」「10秒前」などと教師がカウントダウンをし，児童に問題行動が起こりにくくするよう状況を変化させています。その後，トークンエコノミー法（望ましい行動を促すために「トークン（ご褒美）」を与える方法）を適用し，問題行動を消去するとともに望ましい行動の分化強化が起こるようにし，児童が適切な行動を実行できるようにしています。

　情報モラルにおいても，長時間利用の問題やSNS上の悪口，著作権侵害等に対して，応用行動分析の手法を用いて，行動の変容を及ぼす要因

を探ることがトラブル防止のきっかけになると考えられます。

（3）仕掛学を用いた方法

　松村（2016）は，仕掛学を「つい行動したくなるような『仕掛け』を用いて人の行動変容を誘引する方法論である」と示しています。私たちの周りには，ゴミのポイ捨てや交通混雑，大気汚染などの社会問題や，朝早くに起きられない，体型が気になりだしたがダイエットができないなどの個人的な問題が多くありますが，仕掛学は，こうした問題に対し「やってみたい」，「面白そう」などといった好奇心，期待感などポジティブな思考を喚起し，人々の行動を促し問題を解決することを意図している学問です。

　ここで定義される仕掛けは，①公平性（Fairness）：誰も不利益を被らない，②誘因性（Attractiveness）：行動が誘われる，③目的の二重性（Duality of purpose）：仕掛ける側と仕掛けられる側の目的が異なる，という三つを満たすものです。例えば，人を欺くものは不利益を被る人がいるため，公平性を欠いてしまい，仕掛けとは呼びません。また，仕掛けは人の行動の選択肢を増やすものであり，私たちが自分の意志で自由に行動を選べる必要があります。そのため，行動変容を強要するものは，仕掛けではありません。

　例えば，松村（2016）では，ゴミ箱の上にバスケットボールのゴールの仕掛けを設置することが仕掛けの例として紹介されています。この仕掛けにより，仕掛けた側（ゴミ箱の管理者）は「ゴミを散らかさないようにさせること」を達成し，仕掛けられる側（ゴミを捨てる側）は「ゴミをゴールに入れること」を達成します。

　また，ポイ捨てに関しては，路地の塀などに小さな鳥居を設置しておくことも効果的であることが明らかになっています。日本の文化を知る人であれば，路地の小さな鳥居による物理的トリガーが働き，「罰が当たらないように」という心理的トリガーを生むことで，ゴミを捨てないという行動につながります。このように，仕掛学のアプローチは環境を工

夫して変化させることで行動変容を促すことに寄与します。

　情報モラルにおいても，「スマートフォンの利用を止めさせる」という視点だけではなく，「スマートフォンを利用している時間の代わりにやってほしい行動（習慣）」を設定し，それを促すような仕掛けを考えることも行動変容のアプローチとして有効であるかもしれません。

2.4　子どもたちの行動変容につなげる指導に向けて

　スマートフォン等の情報端末の長時間利用やチャットによる悪口，著作権法違反などの問題は，子どもたちの意思が弱いことだけで説明することはできず，様々な外的要因が考えられます。そのため，様々な要因に対して子どもたちが規制的に指導されることなく自律的に行動変容を促せるような具体的な教育手法を模索することが課題として挙げられます。

　情報モラルという言葉から，「モラル」や「心」に働きかける指導を連想しますが，情報モラル教育をリスク教育という側面から捉えなおせば，心情に訴えるだけでは，十分な指導は行えないでしょう。これからの情報モラル教育では，子どもたちの日常の情報のリスクを回避する力を育成するためにも，上記で紹介したような応用行動分析学や仕掛学などの様々な分野を適切に使い分けて指導する必要があります。また，大勢の児童生徒に対して，同一内容を画一的に指導する情報モラル教育ではなく，行動変容ステージの分類に則して，それぞれの段階に合わせた指導を行うことも求められるかもしれません。

　情報機器やサービスの進展とともに，ますます多様化する情報モラルに関するトラブルに対して，その指導方法も新たに検討していく必要があります。Society5.0時代に生きていく子どもたちにとって，情報社会でよりよく生きていくために必要となる適切な行動形成について，情報モラル教育を通じて行えるよう学校や家庭で指導のあり方を検討していく必要があるでしょう。

第3章
情報モラル教育とルール

　本章では，情報モラル教育とルールをテーマとして，主に倫理学的な視点から，学校や家庭におけるルール作りの考え方や課題について考察していきます。従って，やや理論的・原理的な話題が中心となります。

3.1　情報モラル教育の射程

　情報モラル教育とルールについて考えるのに先立って，まず「情報」という考え方そのものについて，考察してみましょう。

（1）「情報」をどのように捉えるか
　日本において「情報」という言葉が初めて用いられたのは，フランス語で「人や物を知る上で助けになる資料」といった内容を表す「renseignement」を日本語に翻訳する際に造語された1876年だといわれています（小野，2005）。これは，明治維新後に樹立された新政府のもとで，フランスの教範等を翻訳して陸軍の教育・訓練が行われたことに起因するとされます。小野によれば，このときの「情報」という言葉は，「敵の『情状の知らせ，ないしは様子』という意味」であり，「敵の『情状の報知』を縮めたもの」と解釈することができます。他方，私たちにより馴染みがあるのは，英語の「information」ですが，これは「伝える・知らせる」を意味する動詞「inform」の名詞形です。「in-form」という語形から分かるように，人間の「内（in-）」に「形（form）」を与えるものと理解することができます。これは，まだ形になっていない漠然としたものを形作っていくというイメージです。フランス語のニュアンスに含まれる「資料」のように，私たちの外にあって思考や判断の根拠となるとい

う側面と少し似ています。

（2）情報の「量」と「質」

次に，「情報」という概念を「量」と「質」の側面から整理してみましょう。シャノンは，情報の「量」に着目して，「binary digit（二進数字）」の略称である「ビット」という情報単位の考え方を提案したことでよく知られています（シャノンら，2009）。これは，情報を「0」か「1」で捉える考え方です。

例えば，「0」が「雨」を，「1」が「晴れ」を意味するとします。「雨」と「晴れ」というふたつの事象が確率において半々で起こる場合，「明日は晴れである」と伝達されれば，「0」か「1」のふたつの事象の可能性を，ひとつ（この場合は「1」）に絞る情報量を持つと考えることができます。ここでは「1」を伝えることが重要なので，その情報を伝えるのが新聞であろうとテレビであろうと友人であろうと違いはありません。また，その情報の受け手が誰であっても，情報量に違いが生まれるわけではありません。

このように「0」と「1」のようにして情報を「量」として捉えることは，機械同士のやり取りにとても適しています。他方，こうした「量」での捉え方は，人間同士のコミュニケーションにおいては，それほど適してはいないように思えます。なぜなら，情報を「量」で考えるとき，「0」や「1」のように，「それ自体ではなく別の何かを指し示すもの」の伝達という側面が強く，その情報が指し示す内容は伝える媒体，そして受け取り手に一切依存しないからです（渡邊，2014）。

ところが，人間同士のやりとりでは，その「質」がより大きな意味を持ちます。「明日は晴れである」という情報を，天気予報士が伝達するのか，それとも占い師が伝達するのかによって，その質が変わってきます。ここでは，「0」や「1」といった記号による伝達がではなく，「0」や「1」という記号によって指し示される何かの方がより重視されています。同じ気象予報士でも，Aさんの方がBさんよりも信頼性が高そうだといっ

た判断を行う場合，それはまさに情報の「質」に注目した態度だと言えます。

このように，情報の「量」に目を向けるか「質」に目を向けるかによって，その情報を扱うレベルや角度，態度が変わります。ただしここでは，どちらかがより重視されるべきだということではなく，「量」も「質」もいずれの捉え方も，同じレベルで情報モラル教育にとっては欠かせないものだということを理解しておくことが重要です。これは，学校での学びにおける情報の特徴と同じです。

教科書で示されている「知」を学ぶ際，「0」や「1」のようなデジタルなものとして「量」的に捉えて学ぶこともあります。歴史で年号を覚えて学ぶことや，数学の計算などのスキルを身につけることなどが，典型的なこの学びです。同時に，教科書で示された同じ「知」でも，私たちにとってどのような意味を持つのかを思考したり，ディスカッションを通じて深めて理解したり，「質」的に捉えて学ぶこともあります。歴史上の出来事を学ぶ際に，その出来事が私たちにとってどのような意味や影響を与えるのかを考えたり，数学のスキルやその思考法が私たちの現実世界にどのように適用できるのかをつかんだりするといったことです。このとき，どちらがより重要かを考えるのではなく，両方とも必要なことで，学びの両輪をなすものだと考えるでしょう。情報モラル教育において，情報の「量」と「質」についても，これと同様に捉える態度が求められます。

3.2 情報通信社会における情報の特性

現実の世界では，国境や海・山といった壁がコミュニケーションそのものの前に立ちはだかることがあります。一見すると制約はそれほどないようにみえますが，インターネットを介した情報のやりとりにおいても，紛争地域や監視システムを強固に設けている国家などによる統制が行われているケースで顕著に現れるように，障壁は存在します。だから

こそ情報通信社会でも同様に，言論の自由や通信の秘密が重要になります。第三者による検閲やチェックが行われる可能性があるだけでも，民主主義を萎縮させることになりかねません。ですから，自由が担保されていることが何より重要となるのです。ただし他方で，自由である以上，新たな問題が生じる可能性も常にあります。近年特に問題視されることが多い，SNSにおける誹謗中傷の問題などはその典型例です。言論や表現の自由が保障されている一方で，どのような表現を使ってもよいというわけではないとすれば，「自由」とはどのようなものかを理解している必要があります。自由を担保するためにはどのようなルールを設ければよいのか，またどのようなプロセスを経ればそのルールは民主的な営みを萎縮させないですむのかといった観点から考えることも求められます。

民主主義的な営みとルールづくりをめぐる問題を考えるのに先立って，まず情報通信社会における「情報」の特質について把握しておくことが役立ちます。様々な角度から把握することができますが，ここでは，高橋（2015）に依拠しながら4つの特性に着目した上で，留意すべきポイントについて簡単に整理しておきましょう。

（1）複製性

材料が必要な物体とは異なり，情報には前節でみたような性質がありますので，無限に，しかも簡単に複製が可能です。この性質から，より多くの人に伝えることがたやすくできます。ただし，次から次へとコピーされて，意図や想定を超えて際限なく拡散していってしまうリスクもあります。このため，誰かが労力をかけて作成した著作物を無断で複製して利用してしまうような著作権の侵害が，より起こりやすくなります。著作権は，知的財産権のひとつです（知的財産権には著作権の他に特許権や商標権などの産業財産権があります）。著作物については，日本では著作権法によって「思想又は感情を創作的に表現したものであつて，文芸，学術，美術又は音楽の範囲に属するものをいう。」（2条1項）と規定されていますが，注意が必要なのは，芸術的・文化的な価値とは切り離

して考える必要がある点です。また，著作権法で保護されていないものであっても，工業デザインのように，意匠権といった別の法で保護される場合もあることにも注意が必要となります。

（2）個別性

情報の価値は人によって異なり，時・場所・状況・受け手によって意味が変わります。例えば，同じ情報であっても，ある人にとってはそれが望ましいことでも，別の人にとってはそれが望ましくないことであるかもしれません。また，そのように人によって異なるために，その情報の解釈は個別の価値を持つために，その価値に基づいた解釈が反映され，情報の一部が拡大されることもあります。情報の切り抜きなどがその典型的例ですが，それが発信者の意図や情報の中立性を大きく損なうリスクがあります。このように，個人の価値観だけに基づいて情報の一部を切り取って発信する場合，悪意を持った改変とみなされるなどの問題が生じる可能性があります。

（3）恣意性

情報には，発信者の意図，受信者の意図が常に介在して利用されるという性質もあります。つまり，完全に中立な情報というものは存在しにくいということです。誠実な発信者は，自らの意図が明確に分かるように情報の扱いを工夫する必要がありますし，誠実な受信者は，その発信者の意図を正確に理解しようと努める必要があります。いわば発信者と受信者双方の努力によって，その情報の価値が正しく構成されるのです。逆に，悪意が含まれている場合，その意図を理解できないと思わぬ不利益を被るリスクがあります。マスメディアでもネットメディアでも，あらゆる情報はこうした恣意性から逃れることが困難です。「真実」が何かはとても難しい問題ではありますが，あらゆる情報は多様性を持つものであって，そうした情報の伝達には誰かの意図が反映されていることに常に気を配る必要があります。

（4）残存性

　情報を誰かに伝達しても，その情報は減少したり，消滅したりせず，常にどこかに残されています。これを残存性といいます。情報通信社会において一度発信された情報は，消し去ることがとても難しいものです。近年では，特に2014年に欧州司法裁判所が，検索する者には検索事業者に対して過去の情報削除を求めることができる権利があるとの判決を出して以降，個人の情報は本人の意思に応じて消去されるべきだという忘れられる権利や消去権といった考え方も広まりつつあります。こうした動きに呼応して，GoogleやYahoo!といった検索エンジンを提供する事業者も，削除などの対応を容易にする傾向があります。しかし，「忘れられる」ためにかける労力は決して少ないものではなく，また精神的な負担も大きいことは変わりありません。残存性は，先に確認した複製性と表裏一体の関係にある性質だと考えられますが，「デジタル・タトゥー」と呼ばれることがあるように，インターネット上で公開された情報は，後から消すことが色々な意味で困難であることには留意が必要です。

　以上が情報通信社会における「情報」の4つの特性についての簡単な理解となります。情報には少なくともこうした4つの特性がそなわっているとすれば，そうした「情報」をめぐるルールづくりと，私たちが民主的な社会を営む上で欠かせない「自由」とのバランスを考える必要があるわけです。この理解に基づいて，学校や家庭でのルールづくりを検討してみるとよいでしょう。

3.3　倫理学の知見に基づくルールの考え方

　人間が社会生活を送る上で，何が倫理的かは状況に応じて変わります。このため，倫理的に行動するための絶対的なマニュアルはありません。言い換えれば，「何がよいか」「何がよくないか」といった問題についての「解」はひとつではなく，しかもいったん「解」を得たとしても，社

会的な立場・時代の変化によっても変わり得るものです。従って，ルールを一度定めたからといって，それが絶対的で一義的な「解」になるわけではありません。時代状況その他に応じながら，常に「解」を模索・構築していくものなのです。

　倫理学という学問は，こうした倫理的な問題を主題的に扱う学問です。倫理学そのものは，いわゆる哲学に属する古くからある領域ですが，特に1960年代以降，より社会と密接に関わる倫理学として「応用倫理」が新しく生まれました。この応用倫理には，生命倫理や環境倫理，ビジネス倫理などがあります。情報モラル教育に親和性の高い「情報倫理」はこの応用倫理のひとつに数えられるものということになります。情報倫理の特徴を簡単につかもうとするならば，「情報通信技術の変化に対応した行動理念や行動基準として考えられる応用倫理」となりそうです。応用倫理のひとつとはいえ，理論的なバックグラウンドには，倫理学における伝統的な議論が横たわっているため，そうした古典的な倫理学の枠組みを理解しておくことは，複雑に絡み合った応用倫理の諸問題を考察するときの導きの糸となるでしょう。

　また，学校や家庭において，情報モラル教育を行う際やルールづくりに取り組む際には，話し合いの機会が欠かせません。そうした話し合いでは，一時の感情にまかせたり一方的なルールの押し付けになってしまったりすることは，結果的に有益ではありません。有益で納得できる話し合いにするためには，どのような観点や立場から話し合いに臨むことができるのでしょうか。そこで，最後に，赤林他（2018）などが提供する倫理学の基礎的な視座を参照して，情報モラル教育のあり方やルールを考える基本的ないくつかの立場について簡単に理解しておきましょう。

（1）他者危害原則とその問題点

　「人を傷つけることはいけない」という考え方があります。もう少し説明を加えて，「あなたは何をしてもよいよ，ただし人を傷つけさえしなければね」などと言われることもあります。これは，一定程度説得力のあ

る考え方です。学校や家庭でもこうした方針に則って教育される場合も多いでしょう。

　この考え方は，J.S.ミルの「他者危害原則」から理解することができます（ミル，2020）。他者危害原則とは，大まかにいうと，人間は原則的に自由であるので，社会や国家が権力を使ってある人の行為を禁止することが許されるのは，他人に危害を加える行為だけだ，という考え方です。裏を返せば，どれほど馬鹿げた行為でも，あるいは不道徳で非倫理的な行為でも，他者に危害を及ぼさないのであれば，その行為を禁止することはできない，ということです。それだけ，私たちが自由であることには価値があり，それを侵害することには慎重であるべきだということです。私たちは，国家や社会，学校や教師，保護者からであっても，原則的に自由を侵害されないで生きることができ，だからこそ，安心して，また豊かで幸福に生きることができます。これは，たとえSNSやインターネット上の行為であっても同様です。

　しかし，この他者危害原則の考え方には問題も含まれています。例えば，「危害」とはどのようなものか，明確にしにくいケースがたくさんあります。例えば，身体的なものだけでなく，感情的・精神的なものも含まれるのかという問題があります。含まれるとすれば，そうした目に見えない危害について，どのように考えればよいのでしょう。あるいは，「他者」といっても複雑です。胎児を他者に含められるかどうかは議論が分かれるかもしれません。あるいは，目の前にいるわけではない他者，特に時空を超えてインターネット上の無限に広がる範囲にいる全ての他者を，「他者」に含めることはどの程度妥当なのでしょうか。例えば，インターネット上の表現は，20年後の読み手を他者とみなして，精神的な危害をいかなる形でも加えてはならないとしたら，どうでしょう。その時点で全く想定することができなかったあらゆる他者を想定して表現活動を行わなければならない場合，果たして私たちの現在の表現は制約を受けずに自由であることは可能なのでしょうか。仮に技術革新が進んだ100年後に胎児の意思や感情が読み取れるようになっていたとしたら，現時

点で胎児を「他者」の範囲の外に置く立場の人は，その議論をすることそのものが，そもそも胎児に対する「危害」になってしまうかもしれません。このように，危害や他者の範囲については，各人の立場によって見解が分かれることも多いでしょう。

（2）パターナリズムとその問題点

このように考えると，「あなたは何をしてもよいよ，ただし人を傷つけさえしなければね」というような方針には，少なからず限界が含まれているとみなすことができそうです。そこで，他者危害原則のように行為の自由を前提とするのではなく，一定程度の干渉をあらかじめ許容しようとする立場が考えられます。そうした立場のひとつに，パターナリズムがあります。「あなたは，今はまだ未熟だから分からないだろうけれど，将来のあなたのためになるから，これは禁止にするね」といった考え方がその典型的なものになります。

パターナリズムは，親が子の利益を保護するときのように，何らかの点で優位にある者が劣位にある者の利益を守るために，その行為を禁止ないし強制する考え方です。これは親子関係にだけでなく，国家と国民，医師と患者，教師と児童・生徒の間に成立する可能性があります。ただし，このパターナリズムはそれ自体で争いやトラブルを引き起こす可能性を含んでいることには，注意が必要です。

パターナリズムでは優位と劣位といった不均衡な関係が前提となっています。学校での教師と児童・生徒のように，知識や専門性の有無等の観点からそうした不均衡さが前提となっている関係性では，お互いにその不均衡さを受け入れる態勢がある程度整っていると言えます。しかし，一般的な人間関係ではそうした準備は通常前提となってはいませんし，とりわけデジタル社会では，そもそも関係性の積み重ねがない場合も多くあります。そうしたデジタル社会において，一方が他方より優位に立っていると考えて，他方に対してパターナリスティックに振る舞ったら，相手は戸惑うかもしれません。そればかりか，「理解が不十分な未熟な相

手を教育してあげなければならない」「自分よりも道徳的に劣位にあるのだから，そうした相手を優位にある自分こそが矯正しなければならない」「劣位にあることを分からせなければ，その未熟さは治らない」といった，自分本位で，場合によっては歪んだ考え方に陥ってしまい，誹謗中傷等に至って，相手の人生を追い詰めてしまうことになりかねません。翻って考えれば，教師と子どもの関係でも，教師がパターナリスティックな関係を前提にして「指導」しても，子どもが指導内容に心から納得することは多くないでしょう。だとすると，結局はその指導にそれほど意味はないことになってしまいます。

そうした状況に陥らないためには，まずは，人間関係には優位も劣位も本来はないのだという当たり前の理解に立ち返り，また自分自身をふりかえる謙虚な気持ちを忘れないことが大切になるでしょう。

（3）リーガル・モラリズムとその問題点

もちろん，判断力が未熟である者，社会的・文化的障壁などのハンディキャップを持つ者，あるいは公序良俗に反する行為に関わる状況などの場合，その関係者を搾取や不利益，堕落から守ることが望ましい場合もあります。このような保護を行う際に，自由を原則とする他者危害原則によってでは難しいので，道徳や法といった別の要素を持ち出す必要が出てきます。場合によっては，不道徳な行為を法によって禁止し，特定の道徳を法によって強制することもあります。こうした考え方をリーガル・モラリズムと呼びます。

ただし，ある特定の道徳を法によって強制することについても，問題が生じる場合も少なからずあります。この典型的な例として，かつての英国における男性同性愛者の同性愛行為の禁止がしばしば挙げられます。英国ではかつて成人男性間の同性愛行為は，仮に合意があったとしても，私的な場所においても違法とされてきた歴史があります（野田，2006）。つまり異性愛という特定の道徳を法によって強制してきたわけです。時代状況が変わり，今日の英国では同性愛カップルには異性愛カップルの

婚姻関係と同様の権利と義務が付与されていますが，差別や偏見が払拭されているわけでは必ずしもありません。リーガル・モラリズムそのものには限界があること，リーガル・モラリズムによってあらゆることが解決するわけではないことがよく分かる事例です。

　情報モラル教育においても，不道徳と思われる行為がテーマとなることがあります。例えば，LINEにおけるスタンプ連打や既読無視，あるいは生成AIを活用したレポート作成などが挙げられます。こうした行為は，人や状況によっては不道徳なものになったり，トラブルの原因となったりするリスクがあるものです。こうしたリスクを限りなくゼロに近づけたいと考えて，罰則を強化するという発想から法的に，あるいは学校での校則のような一定の権力に基づいて，禁止や強制の対象にすれば解決すると考える向きもあるでしょう。たしかにトラブルは一時的に減じられるかもしれませんが，そのことが上述の例のように，マイノリティに対する抑圧になったり，文化や技術の発展の妨げになったりするかもしれません。また，リーガル・モラリズムがパターナリズムとして強く機能してしまった場合，子どもの間に過剰な萎縮を生み出してしまうかもしれません。こうなると，与えられた道徳や法に無批判に従いさえすればよいという安易な思考に陥ってしまい，想像を働かせる力や思考や対話を行う能力を育む機会を減少させ，健全で民主的な社会を作っていくことを難しくするような，大きな弊害となりかねません。

　そこで，思考や対話を円滑に進めるために，法と道徳との関係を理解しておくことも有益です。ここで，それを簡単に整理しておきましょう。一般に，道徳は3種類に区別することができます（赤林・児玉，2018）。すなわち，①どのような社会においても欠かせない原理やルールを含むもの（例えば，殺人や暴力の禁止），②特定の社会にとっての道徳的核心を形成するもの（例えば，一夫一婦制），③（①②以外で）必ずしも道徳的核心を形成するものではないが，その社会の多数によって受容されているもの（例えば，隣人への会釈）の3つです。①については法で強制してもよく，③については法の干渉を認めないという共通理解がおおむ

ね得られそうですが、②については意見が分かれるかもしれません（ハート，2014 他）。これらの 3 種類を混同すると、話し合いが極端な意見に集約されたり、行き詰まったりすることが起こりやすくなります。特にこの②に関わる道徳の問題については、①と混同して法による強制や禁止に完全に委ねてしまうのではなく、私たち自身がその都度しっかりと議論の対象にして考えていくという態度が求められているといえるでしょう。

3.4 ルールづくりという「契約」に向けて

　私たちが生きている現代社会に対しては、様々な捉え方があります。生涯学習社会、国際化社会、グローバル化社会、高齢化社会、情報通信社会などが有名なものでしょう。これらの捉え方は、それぞれ独立しているのではなく、同じ「社会」に対して、別々の角度から光を当てているということが前提となっています。情報通信社会の裏面には高齢化社会の問題が潜んでいますし、生涯学習社会の問題とも重なり合っているのです。インターネットや情報通信機器の特性を考えれば、国境を超えて社会や文化が異なる人々とやりとりを行うことが当たり前ですから、情報通信社会の問題は、国際化社会やグローバル化社会における問題とも不可分の関係にあります。

　だとすると、情報モラル教育の範囲を、日本の子どもだけを対象とした情報機器の取り扱い方に関わるものと狭く限定することは、かえって問題の本質を見えにくくしてしまうかもしれません。もちろんそうした領域も必要ではありますが、情報モラル教育は、より広い対象が関わるものであり、他者をどのように理解するかという倫理学的な要素が色濃く反映されていることを理解しておく必要がありそうです。

　大切なことは、ルールは「一度作ったらそれで終わり」にはならないということを共通認識として持っておくことです。一度作成したルールも、状況の変化などに応じて、定期的に見直すことが必要です。それは、

たとえ法律であっても同じです。もちろん一度立法された法律は，市民にとって遵守・尊重が求められるものです。それができないときは，場合によっては重い罰則が課せられることもあります。しかし，社会状況の変化や人々の生きやすさなどの観点から，たとえ一度立法された法律であっても見直されることは，民主的な社会にとって普通のことです。日本における法律は，日本国憲法に特別の定めのある場合を除いて，「全国民を代表する選挙された議員」（憲法第43条）で組織された「国の唯一の立法機関」（憲法第41条）である国会の「両議院で可決」（憲法第59条第1項）されることによって成立する，社会契約という位置づけだからです。

　学校や家庭でのルールづくりも同様に，関係する人々がどのような「契約」を取り交わすかということが根幹にあります。たとえ暫定的な形にならざるを得ないとしても，だからこそ社会の一員の責務として合意を形成し続けるために，学び続ける姿勢が誰にとっても求められているのです。

第4章
AIと情報モラル教育

　私たちの身近なサービスとして生成AIが手軽に利用できるようになりました。生成AIはAIの中でも文章や画像，動画などコンテンツを生成できるのが特徴であるために，AIに詳しくない人でも簡単に楽しむことができます。しかし，革新的な新たなサービスが登場すると必ずそれを悪用したり，誤った使い方をしてしまったりするトラブルが発生します。

　では，生成AIの登場によってどのようなトラブルが想定されるのでしょうか。また，これまでの情報モラル教育でAI関連のトラブルにはどこまで対応できるのでしょうか。

　本章では，これまでの情報モラル教育と対比させながら，生成AIの普及に伴い，必要とされるモラル教育，いわばAIモラル教育について留意すべき点と指導のポイントについて紹介していきます。

4.1　生成AIの仕組みと利用における留意点

（1）生成AIの仕組み

　まずは，生成AIの簡単な仕組みについて確認し，一般的な利用における留意点を押さえておきます。

　①AI開発段階では，インターネット等から大量のデータを収集・加工し学習用のデータセットを作成します。そのデータを学習用に組まれたプログラムによって学習させ，AIモデルを作成します。②利用段階では，その作成したAIモデルに利用者が入力・指示（いわゆるプロンプト）を行い，生成物を出力させます。例えば，Open AI社が開発したChatGPTでは，インターネットや書籍，論文等のテキストデータを学習させているので，文章を生成することができます。画像を学習させれば画像を生

成できますし，音楽を学習させれば音楽を生成することができます。

後述しますが，生成 AI のトラブルを考えるうえでは，①AI 開発段階と，②AI 利用段階で分けて考える必要があります。ここでは主に，②利用段階におけるトラブルの話をしますが，AI がどのように開発されているのかを知らなければ想定できないトラブルもあるので，①AI 開発段階にも触れておきます。

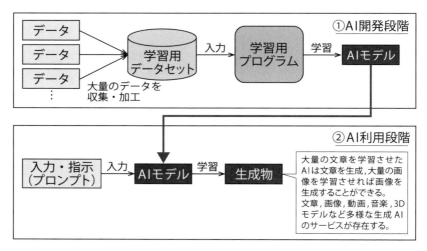

図 4-1 生成 AI の開発と利用の流れ

(文化庁 2023 の資料を参考に筆者が作成)

（2）生成 AI の利用における留意点

生成 AI を利用するうえでおさえておくべき基本的な留意点について，確認しておきます。

1） 年齢制限

OpenAI 社の ChatGPT は，利用規約にて 13 歳以上という年齢制限があることと，18 歳未満は親権者または法定後見人の同意が必要である旨が記載されています(2024 年 1 月 31 日発行[1])。利用したいサービスによっ

---

[1] OpenAI 社 Web サイト 利用規約を参照。https://openai.com/ja-JP/policies/terms-of-use/（参照日 2024 年 9 月 24 日）

て年齢制限や同意の内容が異なりますので，利用規約を確認してから利用してください。

2）誤情報の生成（ハルシネーション）

　文章生成 AI を利用してみると，非常に流ちょうな言葉づかいで返答がありますが，あくまで推測による「統計的にそれらしい」文章を生成しているだけであることに注意が必要です。つまり誤った情報を自信満々に述べてくるハルシネーションという現象が起こる可能性があります。筆者の経験ですが，論文の検索を生成 AI に指示したところ，存在しない著者およびタイトルの論文情報が生成されたことがあります（ChatGPT3.5, インターネット検索機能無の場合）。生成された情報は，複数のメディアで確認し，真偽を確かめるよう（ファクトチェック）に心掛けてください。

3）個人情報・秘密情報の流出

　利用することの多い生成 AI のサービスは，クラウドサービスであることが多いです。つまり，プロンプトで入力した内容や生成物は，サービス提供会社のサーバコンピュータに送信されることになります。例えば，個人情報や秘密情報などをプロンプトで入力してしまうと，流出につながる恐れがありますので注意が必要です。

4）情報の偏り（フィルターバブルやエコーチェンバー）

　フィルターバブルとは「過去の検索履歴などに基づいて，ユーザーの関心のある情報を選択的に表示する現象」のことを言う(Pariser, 2011)いわばおすすめ機能のことです。これにより，特定の情報ばかりに触れるため，異なる視点に触れる機会が減少してしまうというデメリットが存在します。自分が触れる情報が偏っているかどうかは見えづらく，自覚しにくいという特徴もあります。近い考え方ですが，エコーチェンバーという「同じような意見を持つ仲間や情報が集まることで，意見や信念

が強化される現象」もあります(Cinellil et al., 2021)。

どちらも従来から問題提起されてきた現象ですが，生成 AI ではより注意する必要があります。例えば，学習させるデータが偏っていれば，出力結果も偏ることが考えられます。学習させるデータを偏らせて特定の意見に誘導させるような使い方もできるかもしれません。複数の情報源から情報を取得したり，情報源元の情報を確認したりするメディアリテラシーが大切です。

4.2 子どもが遭遇するであろうリスク

（1）生成 AI の教育利用の方向性

生成 AI を学校教育において，どのように扱うべきかは，文部科学省(2023)が示した「初等中等教育段階における生成 AI の利用に関する暫定的なガイドライン（以下，生成 AI ガイドライン）」を参考にするとよいでしょう。生成 AI ガイドラインにおける「3．生成 AI の教育利用の方向性（1）基本的な考え方」には以下のように記載されています。

・学習指導要領は，「情報活用能力」を学習の基盤となる資質・能力と位置づけ，情報技術を学習や日常生活に活用できるようにすることの重要性を強調している。このことを踏まえれば，新たな情報技術であり，多くの社会人が生産性の向上に活用している生成 AI が，どのような仕組みで動いているかという理解や，どのように学びに活かしていくかという視点，近い将来使いこなすための力を意識的に育てていく姿勢は重要である。

・その一方，生成 AI は発展途上にあり，多大な利便性の反面，個人情報の流出，著作権侵害のリスク，偽情報の拡散，批判的思考力や創造性，学習意欲への影響等，様々な懸念も指摘されており，教育現場における活用に当たっては，児童生徒の発達の段階を十分に考慮する必要がある（各種サービスの利用規約でも年齢制限や保護者同意が課されている）。

これらのことから，情報活用能力（情報モラルを含む）の育成をベースとしつつ，生成 AI の仕組みや活用について学習していくことも今後求められてくるでしょう。子どもが生成 AI に関するトラブルに遭わない，トラブルを起こさないというモラル的視点でも，生成 AI を学習していくことは重要です。

　先生方にとって，学校で生成 AI を利用することに抵抗感があるかもしれませんが，学校で利用しなくとも家庭で利用され，トラブルに発展することが想定されます。NTT ドコモモバイル社会研究所が「生成 AI の利用経験に関する調査」を首都圏の子どもを対象に 2023 年 11 月に実施したところ，小学校高学年は 2.5％，中学生は 8.2％がすでに生成 AI を利用したことがあると回答しています。現在では，Google 検索の上部に生成 AI による回答が表示されるようになりました[2]。今後は，様々なサービスに生成 AI が組み込まれることも想定されるため，「使っている」という自覚なく利用していくケースも増えていくでしょう。

（２）想定されるトラブルリスクの分類

　生成 AI を利用することのリスクについても生成 AI ガイドラインは触れています。個人情報の流出や著作権侵害など，情報モラル教育で学習されてきたリスクも触れられていますが，AI によってそのリスクはどのように変化するのでしょうか。満下ら(2022)が作成した情報モラルのトラブルリスク分類を参考に，生成 AI ガイドラインの項目を加え，AI 社会において想定されるトラブルリスクの事例を表 4-1 にまとめました。

　今までの情報モラルで想定されてきたトラブルがベースになりつつも，トラブルのレベルが数段上がります。例えば，フェイク情報については，小・中学生でも生成 AI を利用して簡単にフェイク情報を作成できるため，発信・受信するリスクも高まるでしょう。コールドウェルら(Caldwell *et al.*,

---

[2] GoogleWeb サイト，Google 検索ヘルプページ参照。GoogleChrome を使用して Google 検索を実行した際に生成 AI による概要が生成される。詳細は下記を参照されたい。
https://support.google.com/websearch/answer/14901683?hl=ja&visit_id=638627544301823844-2682264740&p=ai_overviews&rd=1 （参照日 2024 年 9 月 24 日）

2020)のAI犯罪のリスクを評価した研究では，特に危険である事の中にディープフェイクやフェイクニュースを挙げています。これは，実現しやすい割に被害が大きく，真偽を見分けることも難しいからです。

表 4-1　AI社会において想定されるトラブルリスク分類

トラブル項目	内容
長時間利用	ゲームや動画，SNSを使いすぎる，依存症になるなど。個人の嗜好に合った情報が提供されるなどAIの進展に伴い深刻化する可能性あり
不適切情報の閲覧	性的描写や暴力表現など青少年にふさわしくない情報を閲覧する。生成AIにより，不適切な情報を入手しやすくなる可能性あり
著作権の侵害	著作物を違法にアップロードしたり，違法であることを知りながらダウンロードする。侵害著作物と気がつかず利用してしまう可能性あり
フェイク情報の発信・受信	悪ふざけの写真やデマ情報などを発信したり，信じてしまうこと。ディープフェイクにより見分けがつきにくい，より高度なニセ情報があふれる可能性あり
誤情報の信頼・拡散	情報源を確認しないで，誰かが書いた誤情報を信じてしまうこと，またそれを拡散してしまうこと。AIが誤情報を生成（ハルシネーション）することでより誤った情報があふれる可能性あり
個人情報・秘密情報の流出	個人が特定できる情報や秘密にしたい情報を発信してしまうこと。生成AIに個人を特定できる情報を入力してしまう可能性あり。生成AIの悪用により，なりすましやフィッシング詐欺が見分けにくくなり，被害が大きくなる可能性あり
誹謗中傷・いじり	グループチャットやインターネット上で，悪口を言ったり，意図的ではなくとも相手を傷つけること。フェイク画像などにより，真偽の見分けがつきにくい生成物を利用した誹謗中傷が起こる可能性あり
情報の偏り	自分に関心のある情報のみに触れてしまい，異なる意見に触れる機会が少なくなったり，特定の意見が強化されてしまうこと（フィルターバブル，エコーチェンバー）。学習データが偏っていた場合，出力結果が偏る懸念もある。意図的に偏らせることで，政治や陰謀論などに利用される恐れあり
人間の能力低下	考える前に調べたり，AIに聞いてしまうことで，思考力など本来伸びるはずであった学力を向上させられずに終わってしまうこと

ウイリアムスら(Williams *et al*., 2023)の研究では，中学生にディープフェイクを見抜くトレーニングをさせてもスコアが向上しなかったことが報告されています。もし，子どもがフェイク情報に潜むリスクを予測できないまま，遊び半分でフェイク情報を発信してしまうと，取り返しのつかない被害を誰かに与える可能性があります。「こんなことになると思わなかった・・・」トラブルを起こした子どもがよく言う言葉です。酒井・塩田(2019)の研究では，リスク予測する自信がある子どもほどトラブルを起こす可能性が高いことがわかっています。子どもたちに生成AIを利用させる際には，生成AIにはどのようなリスクがあるのか，そのリスクはどのくらいの被害を与えるのか，考えさせることが大切です。

（3）リスク予測力の育成

学習指導要領の情報モラルに関する箇所には「・・・将来の新たな機器やサービス，あるいは危険の出現にも適切に対応できるようにすることが重要である」との記載があります(文部科学省, 2017)。

つまり，今世の中にあるリスクだけでなく，将来新しい機器やサービスが出現した際にも，それに含まれる危険を予測し，正しく機器やサービスを扱うことができる資質・能力「リスク予測力」の育成が求められています。変化の激しい時代の中では，子どもが大人になった時には，学校で習っていない未知の技術に必ず遭遇し，その技術を悪用したリスクにさらされるでしょう。下記の図4-2は，丸印で情報技術を悪用したトラブルについて示しています。もし学校で習う情報モラル教育が「著作権に気をつけよう」「個人情報が流出しないように気をつけよう」といったトラブルの事例紹介のみだと，たまたまトラブル事例を知れた子どもは良いですが，知れなかった子どもは対応できません。そもそも全てのトラブル事例を知ることなどできません。

さらに子どもが大人になる頃には，当時とは全く異なる機器やサービスが登場し，それを悪用した未知のトラブルも控えています。そこで重要になるのが，先にも述べた正しくリスクを予測する力となります。「リ

スク予測力」を身につけることができれば、AIを利用する上でもトラブルに巻き込まれない一定の効果が期待できます。

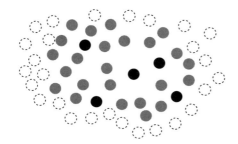

図4-2 トラブル事例紹介の限界

（4）生成AIに対する「リスク予測力」

　私たちは生成AIに対して、どのようなリスクを予測できるのでしょうか。2023年の10月に国立大学教育学部に所属する大学生1年生95名を対象に実施した調査の結果があります。OpenAI社のChatGPTを体験させたのちに、「文章を自動で作れるAIを使って誰かが悲しむとしたらどんなことがあるでしょう？」と聞き、考えられることを1つずつ付箋に記入させました。その記入内容を表4-1のトラブルリスク分類表を参考に執筆者らが分類しました。イラストレーターや研究者などの職が無くなるというリスクを想定した学生が多かったので、「失職」という項目を追加しています。1つの分類に絞り切れない場合は、両分類共に集計結果にカウントします。合計388枚の付箋となり、分類できなかった53枚の付箋を除き、図4-3の結果となりました（複数分類可なので、グラフの集計結果と回答件数は一致しない）。

　この結果から、生成AIを使用することで「人間の能力低下」が起こりうること、「失職」など職業に大きな影響を与えること、ハルシネーションやフェイク情報が問題となることは、概ね想像できているようです（ただし、「どのくらいの被害の大きさなのか」というリスクの「大きさの予測」がずれると大きなトラブルにつながります。今回はリスクの「大き

さの予測」は調査できていないので，油断はできません）。

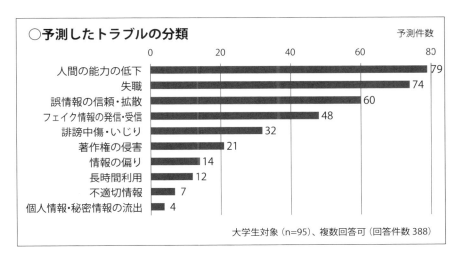

図 4-3　大学生が予測した生成 AI に関するトラブルの集計

　しかし，「著作権の侵害」，「情報の偏り」，「長時間利用」，「不適切情報の閲覧」，「個人情報・秘密情報の流出」はあまり予測ができていないため，生成 AI を子どもに利用させる際には，特に意識してこれらの項目を扱う必要があります。また，この中でも「情報の偏り」や「個人情報・秘密情報の流出」は生成 AI 特有の問題である部分もあるため，あらためて注意が必要です。

　「情報の偏り」については，先にも述べた通り，AI に学習させる情報が偏っていた場合，AI が出力する情報にも偏りが生じる可能性があります。この点については，生成 AI がどのように開発されるのかを理解していなければ，予測が難しいでしょう。またフィルターバブルやエコーチェンバーについても，授業などで扱わなければ子どもが予測することは難しいでしょう。

　「個人情報・秘密情報の流出」については，4.1 節でも述べたように，生成 AI の多くがクラウドサービスであるという点を知っていなければ予

測が難しいと考えられます。子どもの成績や個人情報を入力して，何か生成物を作成した場合は，企業のコンピュータに送信されることになります。将来的には，入力した情報をそのまま学習し，生成物が作成されないとも限りません。クラウドがどういうものかを知っていれば予測できたかもしれませんが，大学生であっても「個人情報・秘密情報の流出」について予測できていないことから，子どももクラウドについて理解できていないことが考えられます。現在の学習指導要領では，クラウドについては，中学校の技術科および高等学校の情報Ⅰで扱われています（文部科学省 2017，文部科学省 2018）。それらを学習してきたであろう大学生が予測できていないことを見ると，生成AIを扱う際に合わせて，「個人情報・秘密情報の流出」についても注意点として触れておく必要があるでしょう。また，なりすましや，フィッシング詐欺に生成AIを悪用されることで，クレジットカードなど大切な個人情報を流出させてしまうことも考えられます。情報セキュリティの授業の中で，なりすましやフィッシング詐欺を扱う際に，生成AIにも触れておくと良いでしょう。

（5）生成AIによる著作権侵害のリスクと対策

　「著作権の侵害」については，少し詳しく解説します。著作権法は，新たな創作活動を促し，「文化の発展に寄与すること」を目的としており，そのために著作権者の保護と著作物の利用のバランスが重要とされています（髙野 2021）。著作物を許諾なしに勝手に利用しないという「保護」も大切ですが，引用のように許諾なく勝手に「利用」することも文化の発展には大切です。

　では，生成AIにおける著作物の「利用」はどの程度認められているのでしょうか。日本では，著作権法第30条の4により，原則として著作者の許諾なくAI開発に著作物を利用することが可能です（文化庁 2023）。ただし，これはあくまで①AI開発段階であることに注意が必要です。②AI利用段階では，著作権法第30条の4は適用されません。つまり，著作物を学習したAIを使って，AI利用者が著作権侵害物を生成し，生成物を著

作者の許諾なく利用した場合は，AI利用者が著作権侵害と判断される可能性があります。

　AI利用者が作成した生成物が，たまたま既存の著作物と類似してしまい，それに気づかずに利用した場合はどうなるのでしょうか。実は，これも著作権侵害となる可能性が示唆されています(文化庁 2024)。図4-4に具体的なイメージを示します。AI利用者が，ドラえもんのことを知らずに，生成AIに「青色のたぬきロボット」のイラストを生成することをプロンプトで指示したとします。AI利用者は生成AIがドラえもんを学習していることを知りませんし，そもそも利用している生成AIがどのようなデータを学習しているかを把握することは難しいでしょう。プロンプトにより，たまたまドラえもんに似たイラストが生成され，AI利用者がそのイラストを利用した場合には，著作権侵害になる可能性があるということです。また別の議論にはなりますが，利用者のプロンプトで著作権侵害かどうか判断される可能性もあります。「ドラえもん知らないって言っているけど本当？ 青色のたぬきロボット＝ドラえもんでしょう。遠回しにドラえもんを生成しようとしただけじゃないの？」と疑われる余地も残っています。

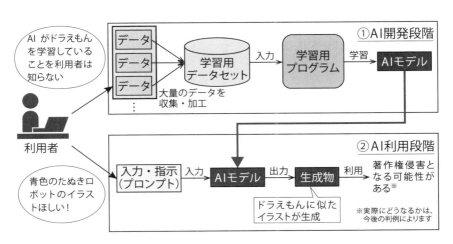

図4-4　生成AIによりたまたま既存の著作物が生成された場合

これらのことから，法や技術が整備されるまでは，著作権に関する学習を十分に行ってから生成 AI を利用させること，著作権侵害物を学習した生成 AI は利用しないこと，既存の著作物に関するプロンプトは入力しないことをおすすめします。

4.3　本章のまとめ

　生成 AI の普及に伴い AI モラルが必要とされてきています。情報モラル教育で学んでいることがベースとなりながらも，トラブルのレベルは数段上がることが予想されます。また，予測が難しいリスクも存在します。子どもが被害者にならない，加害者にならないためにも情報モラル教育で大切とされてきたリスク対応力に加え，生成 AI が保有するリスクを踏まえて利用させることが大切です。これまで述べてきたことを踏まえ，学校において生成 AI を利用する際に留意すべきポイントについて，以下にまとめます。

- 情報モラルを含めた情報活用能力が十分に育まれた段階で生成 AI を利用させるようにする。
- 生成 AI が保有するリスクを予測するためには，生成 AI の仕組みに関する学習に加え，ハルシネーション，フィルターバブル，エコーチェンバーといった生成 AI に特徴的なリスクについても触れる必要がある。
- 生成 AI に特徴的なリスクへの対応力を身に着けるために，複数の情報源を確認するメディアリテラシーの育成や，情報の真偽を確認するファクトチェックは，一層充実させていく必要がある。
- クラウドや著作権など，授業で触れてはいるものの，十分に理解されていない学習内容についても適時扱うことが望ましい。
- 法や技術の整備が追いつくまでは，著作権侵害物を学習した生成 AI は利用しない，既存の著作物に関するプロンプトは入力しない方がよい。

生成AIは「リスク予測力」を身に着けるのに適した教材ともいえます。ここで挙げた点に留意しながら，子どもに生成AIを利用させる中で「生成AIを利用したらどんなトラブルが起こると思う？」と考えさせても良いのではないでしょうか。

付記
本章の内容は，科学研究費補助金（22K13705）の研究成果の一部です。

第5章
子ども・教員を対象とした情報セキュリティ教育

5.1 教育情報セキュリティに関する今日的課題

（1）子どもをとりまく情報セキュリティ

　学習指導要領総則編の小・中・高等学校版（文部科学省，2017a, 2017b, 2018）に共通して，情報活用能力（情報モラルを含む）が「学習の基盤となる資質・能力」に位置づけられていることは，読者の皆様もご存知のことと思います。この情報活用能力には，情報モラルとセットで語られることが多いのですが，情報セキュリティの分野も含まれています。

　文部科学省が2017年度から進めてきた「次世代の教育情報化推進事業」の中で，情報活用能力は体系的に整理されてきました。表5-1には，この体系表例から情報セキュリティに関する記述を抜粋して掲載しています。情報モラル教育と並行させて（あるいはその中に組み込んで）情報セキュリティ教育を行う中で，情報の保護と活用のバランスをとっていくための適切な知識・行動を子どもたちに獲得させていく必要があると言えます。

　情報をどう守るかという観点が重要である一方で，人自身を守るという観点も情報セキュリティ教育に位置づくと考えられます。例えば，子どもが自身の性的画像・動画を自ら作成し，SNSを通じて知り合いに送信してしまう自画撮り被害（セクスティング）が発生しています。図5-1を見ると，近年その被害数は増加傾向にあり，その8〜9割が中学生ないし高校生であることがわかります（警察庁生活安全局人身安全・少年課，2024）。

表 5-1　情報活用能力体系表例における情報セキュリティに関する記述

	分類	ステップ1	ステップ5
知識及び技能	情報モラル・情報セキュリティの理解	人の作った物を大切にすることや他者に伝えてはいけない情報があること	情報に関する個人の権利とその重要性
		コンピュータなどを利用するときの基本的なルール	情報セキュリティの確保のための対策・対応の科学的な理解
			仮想的な空間の保護・治安維持のための，サイバーセキュリティの科学的な理解
学びに向かう力，人間性等	情報モラル・情報セキュリティなどについての態度	人の作った物を大切にし，他者に伝えてはいけない情報を守ろうとする	情報に関する個人の権利とその重要性を尊重しようとする
		—	情報セキュリティを確保する意義を踏まえ，適切に行動しようとする
		—	仮想的な空間の保護・治安維持のためのサイバーセキュリティの意義を踏まえ，適切に行動しようとする

※出所：文部科学省（2020）より筆者作成

　リスクが多様化する現代社会において，子どもたちの情報活用能力の育成に対する一助となるように，情報セキュリティ教育にはどのような指導方略が考えられるのでしょうか。

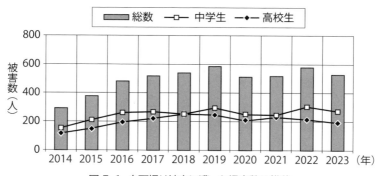

図 5-1　自画撮り被害に遭った児童数の推移

※出所：警察庁生活安全局人身安全・少年課（2024）より筆者作成

（2）教員・学校をとりまく情報セキュリティ

　他方で，学校現場で働く教員にとっては，日頃の業務で児童生徒とその保護者の個人情報を取り扱うことは避けて通れず，学校情報セキュリティも切実な課題となってきます。

　文部科学省が毎年度公表する公立学校教職員の懲戒処分等の状況について，個人情報の不適切な取り扱いに関するものを図 5-2 にまとめています。訓告等の数に限って言えば，直近 3 か年は微増傾向にあることが読み取れます。

図 5-2　個人情報の不適切な取り扱いに係る懲戒処分等の推移

※出所：文部科学省 HP より筆者作成

　現場での一次対策として，網羅的なチェックリストや禁止事項のルール化などが講じられますが，多種多様の情報セキュリティ対策が日常的に迫られることは，いわゆる"情報セキュリティ疲れ"や対策行動を実施すらしなくなる"情報セキュリティバーンアウト状態"の引き金となってしまうことが指摘されています（畑島ら，2017）。これは，子ども向けの情報セキュリティ教育でも同じことが言えるでしょう。

5.2 子ども向け情報セキュリティ教材

(1) "どのくらい"あやしいか？

　前章で挙げられた教育情報セキュリティに関する諸課題を踏まえ，本章では子どもを対象とした情報セキュリティ教材 2 種と，教員を対象とした情報セキュリティ研修教材 1 種を紹介します。

　まずは，静岡大学・鹿児島大学・株式会社カスペルスキーの 3 者で開発した子ども向けの情報セキュリティ教材を図 5-3 に示します。

　同教材は，各カードにタブレット画面とデバイス操作者のセリフが写っています。学習者はそれぞれのシチュエーションをよく見ながら，その状況におけるリスクの大きさがどの程度であるかを吟味し，グループやクラスでの議論を行います。注意喚起型の指導ではなく，"どこに""どのくらいの"あやしさが含まれているのかについて，具体的に考え判断させることがポイントとなります。

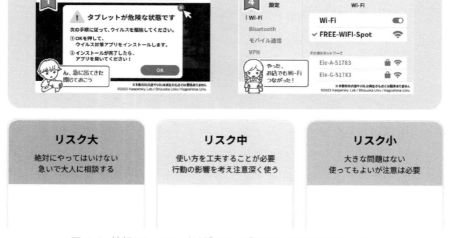

図 5-3　情報セキュリティ教材「ネットの『あやしい』を見きわめよう」

※出所：Kaspersky Labs Japan HP より抜粋

筆者らは2023年に，同教材を活用して中学生対象の実証実験を行ないました。その際，情報セキュリティに関するコスト感尺度（越智，2018）を援用して授業前後に学習者へ尋ねたところ，セキュリティに関わるいずれのコスト感も減少する傾向が見られました（図5-4）。セキュリティリスクに広く対応するというよりも，リスクの大きさを見きわめ，その程度に応じて対策に軽重をつけていくという発想が促されたことが，コスト感の軽減に影響したものと考えられます。

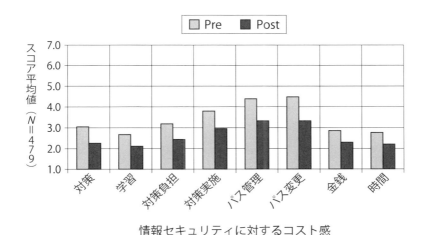

図5-4　あやしさを見きわめる情報セキュリティ教材の教育効果

※セキュリティのコスト感尺度（越智，2018）を援用，筆者作成

（2）もし，自分が自画撮りを送ってしまうとしたら？

　第1章でも紹介した自画撮りトラブルに関する教材は，「もし，自分が自画撮りを送ってしまうとしたら，どのようなシチュエーションがあり得るか？」という問題を考えさせる点で，従来とは逆の発想を行なうとも言える学習活動を展開するものになります（図5-5）。

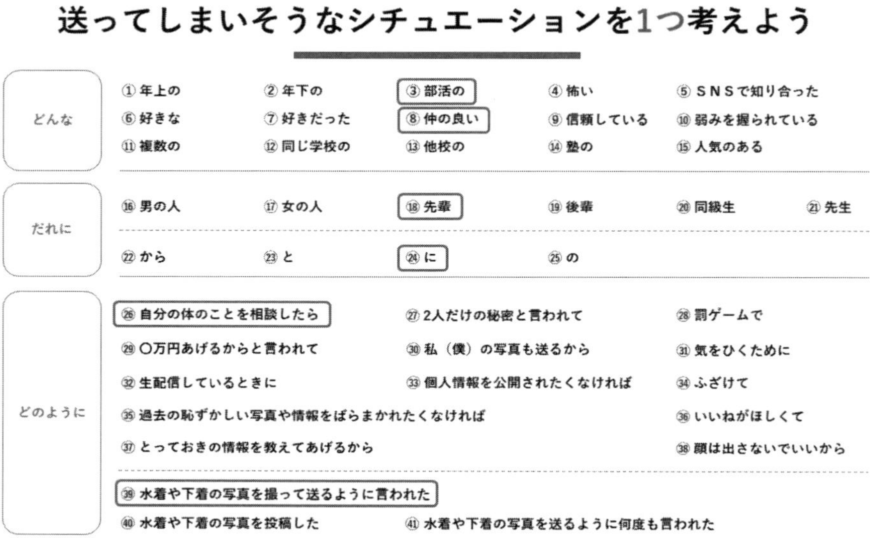

送ってしまいそうなシチュエーションを1つ考えよう

どんな
① 年上の　② 年下の　③ 部活の　④ 怖い　⑤ SNSで知り合った
⑥ 好きな　⑦ 好きだった　⑧ 仲の良い　⑨ 信頼している　⑩ 弱みを握られている
⑪ 複数の　⑫ 同じ学校の　⑬ 他校の　⑭ 塾の　⑮ 人気のある

だれに
⑯ 男の人　⑰ 女の人　⑱ 先輩　⑲ 後輩　⑳ 同級生　㉑ 先生
㉒ から　㉓ と　㉔ に　㉕ の

どのように
㉖ 自分の体のことを相談したら　㉗ 2人だけの秘密と言われて　㉘ 罰ゲームで
㉙ 〇万円あげるからと言われて　㉚ 私（僕）の写真も送るから　㉛ 気をひくために
㉜ 生配信しているときに　㉝ 個人情報を公開されたくなければ　㉞ ふざけて
㉟ 過去の恥ずかしい写真や情報をばらまかれたくなければ　㊱ いいねがほしくて
㊲ とっておきの情報を教えてあげるから　㊳ 顔は出さないでいいから
㊴ 水着や下着の写真を撮って送るように言われた
㊵ 水着や下着の写真を投稿した　㊶ 水着や下着の写真を送るように何度も言われた

図 5-5　自画撮りトラブル教材

※出所：静岡県警 HP および髙瀬ら（2023）より抜粋

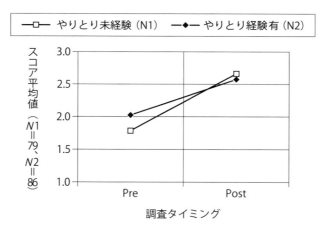

図 5-6　自画撮りトラブル教材の教育効果

※出所：髙瀬ら（2023）より筆者作成

筆者らが中学生を対象として行なった実証実験では，「会ったことがない人との SNS 上のやりとり」を経験したことがある学習者と未経験の学習者との双方において，「私は，自画撮りトラブルにあう可能性があると思う」という意識が向上し，その変化量は未経験者の方が大きかったことが報告されています（髙瀬ら，2023）。この結果から同教材は，自画撮りトラブルを自分事として考えさせるという点において，まだ SNS 利用が習慣化していない学習者にも，経験者同様かそれ以上の効果をもたらすことが期待できると言えます。

5.3　教員向け情報セキュリティ研修教材

　最後に紹介するのは，教員を対象とした個人情報漏洩に関する情報セキュリティ研修教材です（図 5-7）。同教材を用いた教員研修では，実際に起きた個人情報漏洩の事例を紹介し，「もし，自分が 1 番信頼している先生がその事例の当事者だとしたら」という仮定に立ったうえで，漏洩につながった背景にどのような事情が隠れていたかについて受講者に議論させます。

　筆者らが現職教員を対象として行なった実証実験では，研修受講前後のアンケート結果として，「個人情報漏洩事例の当事者に感じる過失の割合」が減少し，「自分も個人情報漏洩をしてしまうかもしれない」という意識が向上しました（図 5-8；髙瀬ら，2018）。この結果から同教材は，教員の個人情報漏洩を自分事として考えさせながら，漏洩の原因を教員個人の注意力という内的側面のみに限定してしまうのではなく，仕事の量・内容・職場の環境などといった外的要因にも着目させ，より的確な対策の立案と実行につなげていくことが期待できます。

　人間は元来，自分の行為やエラーの原因は自分の外側にある何かであると考え，他者の行為やエラーの原因は当人の性格や能力にあると考えてしまう傾向にあります（Jones & Nisbett, 1972）。こうした認知のバイアスを軽減し，的確な原因分析と対策実行を考えさせていく点が，教員研修のポイントになると言えるでしょう。

教員の「個人情報漏えい」を考えよう！

個人情報を紛失した事例

　女性教諭は午後8時頃，自宅近くのコインランドリー駐車場に駐車し，洗濯物を投入するため鍵を掛けずに車を離れた。約10分後に近くのガソリンスタンドに到着した際，USBメモリや携帯電話などが入ったバッグが無いことに気付いた。
　携帯電話には児童の保護者の電話番号が分かる着信履歴が残り，同時に盗まれた別のバッグには児童の未採点のテスト答案も入っていた。個人情報を持ち出す際には校長の許可が必要だが，女性教諭は3学期の成績をつけるため，1月末から無許可で持ち出していたという。

背景を考えてみよう

　もし，この事例の当事者（女性教諭）が**「あなたが1番信頼している先生」**だったとしたら？
　5つのシチュエーションから<u>1つ選んで</u>，日頃どんな不満を抱えていたのかを想像し，吹き出しに書き込んでみましょう。

図5-7　個人情報漏洩に関する教員研修教材
※出所：髙瀬ら（2018）より筆者作成
※イラストは田川きのこ氏（https://kinoko-t.com/）の素材を利用

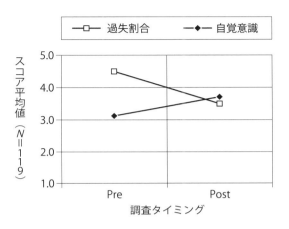

図 5-8 教員研修教材の教育効果

※出所：髙瀬ら（2018）より筆者作成

5.4 本章のまとめ

　本章で紹介した自画撮りトラブル教材および教員研修教材は，安全人間工学におけるサボタージュ分析という手法に基づいて設計されています。サボタージュ分析は，「"事故を起こす"ことを目標として設定し，それを達成するための手段や状況を考えた後に，対策を講じていく」ものです（小松原，2016）。

　今後の情報セキュリティ教育の指導方略として，「望ましくない事象に直面しないようにする」という従来手法だけでなく，「どのような条件や状況が揃うと望ましくない事象に直面するか」という逆の発想による手法もセットで実践し，ひいては実行可能性や費用便益の側面も視野に入れながら，持続可能な情報セキュリティ対策を考えさせていくことが肝要となるのではないでしょうか。

第6章
情報モラル教育と余暇

　本章では，情報モラル教育の中でも情報端末の長時間利用問題に向けた指導方法について，余暇教育の観点から検討します。まず，本章における「情報端末の長時間利用」の定義を確認し，従来の指導方法の実態とその課題を検討します。次に，情報端末の長時間利用と余暇との関係性について検討し，それを踏まえて高校生の余暇に関する実態とその課題を検討します。最後に，余暇教育を通した情報端末の長時間利用を防ぐ指導方法について検討し，今後の展望をまとめます。

6.1　情報端末の長時間利用の問題

（1）情報端末の長時間利用とは

　スマートフォンやタブレット端末を始めとした情報端末は，日常生活での私的な利用だけでなく，学校教育でも盛んに利用されるようになり，今や現代社会を生きていく上での必需品となりました。生活をより便利に，そしてより楽しく有意義な時間へと導くアイテムとして私たちの生活の質向上に貢献しています。しかし，その一方で問題となっているのが「長時間利用」に関する問題です。一般的に，視力低下や睡眠障害等の身体への悪影響，及びスマホ依存等の精神面への悪影響が懸念されていて，今後も学校での情報モラル教育を通して適切に情報端末と関わる態度を育成してくことが求められています。

　ここで言う「情報端末の長時間利用」の問題，いわゆる「使い過ぎ」の定義について，インターネット検索で「1日あたりのスマートフォンの理想的な利用時間」と検索すると，一般的に「1日あたり1〜2時間程度」という意見が目立つように思われます。しかし，適切な利用時間が個人

の生活スタイルやその時々の状況によって異なるのは明白です。また，ゲームや SNS で情報端末を利用する人もいれば，勉強や仕事で利用する人もいるなど，人によって利用方法も様々です。従って「時間量」や「使う内容」で「情報端末の長時間利用」を定義することは難しいと考えられます。しかし，情報端末の不適切な長時間利用によって「学校や仕事等のやるべきこと」や「心身の成長や健康」，「人間関係」等に悪影響がでることは避けなくてはいけません。そこで，本章では「情報端末の長時間利用」を「時間量」や「使う内容」ではなく，「日常生活でやるべきことや，心身の健康と成長，良好な人間関係等に支障をきたすほど利用している状態」として定義したいと思います。

（2）従来の情報端末の長時間利用の対策と課題

　「情報端末の長時間利用」問題に対する取り組みは，これまでにもいくつか行われてきました。例えば，文部科学省が作成した動画教材では，実際に小学生や高校生が情報端末の使い過ぎによって，心身や日常生活に支障をきたしてしまうまでのストーリーが題材となっています。登場人物の行動を踏まえて，情報端末を使い過ぎてしまう要因やその影響，問題行動について学びながら，使い過ぎを防ぐために「自分でルールや規律を決めて守る」ことの重要性が解説されています。また，酒井・塩田（2018）は，中学生を対象に長時間利用や使い過ぎへの「自覚」を促す情報モラル教材として，生徒が「インターネット依存度合い表」の作成を自ら行う授業プログラムを開発し，自覚を通した情報端末の利用時間減少を試みています。こうした既存の対策は，子どもたちが自ら適切に情報端末と関わっていく態度や力を育成することに大いに貢献する取り組みだと考えられます。

　一方で，これらは主に「情報端末を利用している時の自分」に対するアプローチで構成されています。従って，「情報端末を利用していない時の自分」にはあまり注目されていないと考えられます。仮に，長時間利用に対する自律的な態度や危機感から情報端末の使い過ぎを避けること

ができたとしても，それによって生まれた空き時間を満足に過ごすことができなければ，再び情報端末を利用した生活に舞い戻り，その効果は一時的なものにとどまってしまう可能性も考えられます。また，そもそも情報端末を利用する以外の充実した時間の使い方を知らなかったり，それを自ら考えて実現させる力が不足していることで時間の使い方が情報端末を利用した過ごし方に偏ってしまっていたりする可能性も考えられます。子どもたちの長時間利用問題を捉える上では，従来のような「情報端末を利用している時」に加え「情報端末を利用していない時」にも着目し，日常生活で「自由に使える時間」の使い方を情報端末の利用だけに偏らせない視点が必要だと考えられます。

6.2 情報端末の長時間利用と余暇

(1) 余暇とは

ところで，普段私たちが「自由に使える時間」というものは「余暇」と呼ばれています。一般的に「仕事時間と生理的時間を除いた時間」(財団法人日本レクリエーション協会編著, 1998) と定義されることが多く，「休息」と「気晴らし」，そして「自己実現・自己開発」の3つの機能があるとされています (束原, 1981)。「休息」とは，心身の体調を整えたり，リラックスしたりするための余暇の在り方で，主に温泉やサウナ，ごろ寝などがあげられます。また，「気晴らし」とは，娯楽を楽しんだり，気持ちを発散させたりするための余暇の在り方で，主に動画鑑賞やカラオケ，ショッピング，ゲームなどがあげられます。そして「自己実現・自己開発」とは，自分自身の能力や技術，人間性，魅力，教養などを向上させたり，自身の目標達成や社会貢献を目指したりするための余暇の在り方です。ただし，これらに関しては必ずしも特定の活動が特定の余暇の機能にしかなり得ないわけではなく，当人がどのような目的・姿勢でその活動を行うかによって発揮される余暇の機能は変わるものだと考えられます。例えば，「ゲーム」は必ずしも「気晴らし」の機能を持つ余

暇活動であるとは限らず，当人のやり方や望む姿勢，目的によって「休息」にも「自己実現・自己開発」にもなりうると考えられます。しかし，これら3つの機能に関する束原（1981）の「休息，気晴らしの機能は重要であるとはいえ，それらに対する欲求はすでにほぼ充足され，自己開発の機能に社会の最大の期待が寄せられている」という指摘をふまえると，「自己開発」の機能の充実が特に余暇における重要な課題とされていることが伺えます。また，「身体的・精神的・社会的に良い状態」（文部科学省）としてのWell-beingが求められる昨今では，短期的な幸福だけではなく「人生の意義」や「生きがい」などの生涯にわたる持続的な幸福の実現が追求されており（国立教育政策研究所，2017），Well-beingの観点からも「自己実現・自己開発」を通した余暇の充実が特に重要視されていると考えられます。

（2）情報端末の長時間利用と余暇の関係

　余暇の時間をどのように使うのかは，個人の裁量に任せられていて，いわば自由です。しかし，余暇の活動を「自ら主体的に選択して行っている」場合と「他にやることがないから行っている」場合では，同じ余暇時間でも意味合いが大きく異なります。特に後者は「暇つぶし」目的とも言い換えることができるかもしれません。「暇つぶし」に行われる活動は，その活動自体に目的や終わりがあるわけではなく，余った時間を消費することが主な目的になります。スマートフォンを始めとした情報端末は，様々なコンテンツと機能によって私たちに楽しい時間を安価で容易に提供してくれます。暇つぶし目的で行う活動として相性がよく，時間を消費しきるまで簡単に使い続けてしまうことが考えられます。

　もちろん，全ての余暇時間に明確な目的を持って主体的な選択による過ごし方を実践していかなければいけないわけではないでしょう。自由な時間だからこそ，その時々で余暇の目的，在り方は多様化してよいはずです。暇つぶしを通して「休息」や「気晴らし」に繋がる場合もあります。余暇に暇つぶしの時間があることが不適切なわけではありません。

しかし，余暇の時間が暇つぶし（時間消費）だけに偏重しないようにすることは重要だと考えられます。子どもたちが余暇の多様な側面を捉えて，目的を持って主体的に選択し行動する余暇時間が増えれば，情報端末の利用に陥りがちな暇つぶしに偏らない有意義な余暇時間の創出につながると考えられます。また，仮に暇つぶしをするにしても，それが情報端末を用いる方法だけに頼らない選択肢をいくつか持っておくことも重要だと考えられます。「暇つぶし」の方法や選択肢が情報端末しかない状態では，情報端末の長時間利用につながりやすくなってしまいます。

こども家庭庁（2024）の調査では，子どもたちのスマートフォンの利用内容として，「動画を見る」「投稿やメッセージ交換をする」「検索する」「音楽を聴く」「ゲームをする」などが上位に挙がっています。しかし，子どもたちがどのような目的で（何を求めて）これら情報端末を活用した活動を行っているのかまでは調査されていません。果たして子どもたちは何を求めて情報端末を活用するのでしょうか。そもそも情報端末を活用する際，子どもたちには「時間を潰す」以外の明確な目的が存在しているのでしょうか。

6.3 高校生の余暇の実態

次に，子どもたちが普段の余暇時間をどのように使っているのか概観したいと思います。また，ここでは 1 日あたりの情報端末の利用時間が特に長い高校生に着目したいと思います。

「レジャー白書 2023」（公益財団法人日本生産性本部，2023）によれば 2022 年の余暇活動種目ランキングは「国内観光旅行（避暑，避寒，温泉など）」が最も多く，次いで「動画鑑賞（レンタル，配信を含む）」，「読書（仕事，勉強などを除く娯楽としての）」と続いています。情報端末の長時間利用と直接関係がありそうな余暇活動は，2 位の「動画鑑賞」に加え，6 位に「音楽鑑賞」，8 位に「映画（テレビは除く）」，10 位に「SNS，ツイッターなどのデジタルコミュニケーション」があがっています。情

報端末の利用に関わる活動が数多く挙がっています。しかし，この調査の対象は15歳〜79歳の男女と幅広く，10代に関しては全体の5.8%しか含まれていません。そこで，対象を高校生に限定した調査に着目すると可知・塩田（2024）は，高校生を対象に余暇の捉え方や余暇活動の実態について調査を行っています。高校生454名を対象にしたこの調査では，多くの高校生が余暇を「好きなこと，やりたいことを自分で選択できる時間」と定義しており，また自身の日常生活に余暇の時間を取り入れていると答えています。上述した余暇の定義を見ても，余暇の存在は一般的に仕事との対比から認識されることが多いですが，未だ仕事をしていない高校生においても，学校や部活動，アルバイト等ではない時間で，かつ自由に好きなことが選択できる時間として，余暇を捉えることは可能なようです。社会進出を最も目前に控えている校種でもあることからも，小学生や中学生と比べて余暇をよりイメージしやすい発達段階であると考えられます。こうした高校生が余暇の時間に実際に行っている人気の活動は，「動画鑑賞」が全体の87.0%と最も多く，次いで「SNS」が71.6%，「スマホゲーム」が46.0%，「ごろ寝，ぼーとする」55.3%となっています。上位3つの余暇活動は，どれもスマートフォンを中心とした情報端末で完結する活動であることがわかります。この調査では，各余暇活動をどれほどの頻度で行っているのかまでは調査に含まれていないため，一概にこれら情報端末を活用した余暇活動が長時間にわたり行われ，使い過ぎに直結していると結論づけることは難しいです。しかし，情報端末を活用した過ごし方が，高校生の余暇時間の過ごし方の第一候補としてその中心を担っていることは伺えます。また，これらの余暇活動を行う高校生が，日常生活に余暇を取り入れる目的として多く認識しているのは，「単純に楽しい時間を過ごすため」，「疲れを癒すなど，心身の調子を整えるため」，「普段の落ち込んだ気持ちやストレスを晴らすため」といった，余暇の「休息」や「気晴らし」の機能が中心であることが明らかとなっています。つまり，多くの高校生は「気晴らし」や「休息」を主な目的に「動画鑑賞」や「SNS」，「スマホゲーム」などの情報端

末を活用した余暇の過ごし方を行っているということが考えられます。

　この調査では，「他にやることがないから」や「暇つぶし」といった理由・目的で各活動を高校生が余暇の時間に行っている可能性までは考慮できていません。この点は，今後の課題としてさらなる調査が必要となるところですが，目的が「気晴らし」や「休息」中心であるならば，そこにはある程度「他にやることがないから」や「暇つぶし」が理由で，情報端末を利用する過ごし方に自然と陥っている可能性も考えられます。

　以上の実態をふまえると，「気晴らし」や「休息」を求めて余暇を過ごす高校生の視点は，情報端末による娯楽に視野が狭まっていて，情報端末を中心としない余暇の過ごし方への視点や在り方に対する知識が不足していると考えられます。こうした状況下においては，高校生は情報端末の長時間利用に陥りやすく，また，情報端末を利用していない時間の充実も難しいため，持続的に長時間利用の問題と適切に向き合っていくことは困難だと考えられます。こうした状況の改善には，高校生一人ひとりが情報端末の利用だけに偏らない形で自らの余暇の充実を実現させていけることが重要だと考えられます。そのためにも，高校生の余暇をより広げる，つまりは情報端末に頼らない「やりたいこと，好きなこと」を発見し広げていくための余暇教育が必要になると考えられます。

　また，現状高校生にとっては，情報端末は，ゲームや動画鑑賞，SNSなど，それ自体をただ楽しむための娯楽ツールとしての印象が強いように思われます。しかし，情報端末をこうした認識で終わらせるのではなく，自己実現・自己開発を達成するメインの活動の中で効果的に使える便利なサブアイテムという位置づけで認識しておくことも重要だと考えられます。そのためには，余暇を通したメインの活動ともなる「自己実現・自己開発」の活動への具体的なイメージや目標，動機を持っている必要があります。しかし調査では，高校生が余暇の「自己実現・自己開発」機能にあまり着目できていないことが指摘されています。「気晴らし」や「休息」に偏った余暇への認識を広げ，「自己実現・自己開発」による余暇の在り方への認識を深める余暇教育を実施し，その際に情報端末の

利活用の在り方を同時に検討していく中で，情報端末の効果的な利用，及び長時間利用と適切に向き合っていく態度を育成していくことが重要であると考えます。

6.4　学校における余暇教育の実践

（1）余暇教育を行う場面

　可知ら（2024）は，2023年11月に学校教育段階における余暇教育の研究動向を調査しています。この調査では，余暇教育に関する研究や実践は主に特別支援領域中心に行われており，それ以外の学校教育ではほとんど行われていないことが明らかにされています。

　では，余暇教育は，現代の学校教育の中でどのように位置づけたらよいでしょうか。現在，学校では子どもたちの「社会的・職業的自立に向け，必要な基盤となる能力や態度を育てることを通して，キャリア発達を促す教育」（文部科学省，2023）である「キャリア教育」が行われています。そして近年では，「職業」だけでなく「家庭生活」や「地域生活」などのより多様な人生上の役割に着目して必要な能力の育成を目指していく「ライフキャリア教育」（河崎，2011）というキャリア教育にも注目が集まっています。高等学校での実践事例もいくつか報告されています（丸山，2016）。このライフキャリア理論の起源でもあるスーパー（Super, 1953）は，人生を，労働者，家庭人，市民，学習者，余暇人等の多様な役割を並行して担うものと捉えています。ここでは，余暇を過ごす側面も人生における重要な役割の1つとして捉えられていることが重要です。余暇の充実が求められる現状においては，このライフキャリア教育の一貫として余暇教育を位置づけ，人生における余暇の充実と並行して情報端末の長時間利用問題を考えていくといった視点が考えられます。実際，可知ら（2024）の調査以降，2024年には高等学校のライフキャリア教育の中で，「仕事」や「家庭生活」だけでなく人生における「余暇」の側面にも着目している実践が報告されています（可知，2024）。

（2）余暇教育の指導内容と方法

それでは，どのような教育を行えば，情報端末を中心とした余暇の過ごし方に偏りがちな子どもたちの余暇の過ごし方を変容させることが可能になるでしょうか。

まず1つは，情報端末に頼る過ごし方以外の，自分が有意義だと思える余暇活動の種類を増やしていくことが重要だと考えられます。「気晴らし」や「休息」，あるいは「暇つぶし」を目的にするにしても，その目的の達成手段が情報端末を利用した活動しか存在しなければ，その方法に頼らざるを得ません。情報端末を活用する以外の「気晴らし」や「休息」，「暇つぶし」を達成，充実させていける多様な方法を発見できる教育的支援が必要だと考えられます。

小田ら（2024）の研究では，高校生を対象に「余暇を広げる」ための授業開発と実践が行われています。この授業では，まず始めに自身の余暇の振り返りとして，余暇に行っている活動を「行動」「状況」「感情」の要素で分析し（図6-1），次にその要素を起点にして別の余暇活動を発見，広げていく学習活動が行われています（図6-2）。

行動	状況	感情
#選ぶ	#自由に	#のんびり
#体を動かす	#友達と	#ドキドキ
#見る／観る	#家族	#わくわく
#聞く	#自然	#しんみり
#考える	#都会	#かわいい
#触れる	#スポーツ	#おしゃれ
#食べる	#話題性	#きれい
#休む	#好きな人と	#すっかり
#つくる	#地域	#おどろき
#話す	#にぎやか	#ふしぎ

図6-1　3観点による要素の一覧と分解のイメージ（小田ら，2024）

この実践を参考にすれば，自分が普段行っている余暇活動だけでなく，「動画鑑賞」や「SNS」などの情報端末を活用した活動を一度自ら振り返り分解することで，自分が情報端末を活用した余暇に具体的にどのよう

な要素を求めているのか明確にすることができます。その上で，情報端末を活用しないという条件でその要素を満たせる新たな余暇活動を発見していく学習活動を行うことで，余暇の活動の選択肢をより多様なものにしていく支援ができると考えられます。

図6-2　要素から余暇を広げるイメージ（小田ら，2024）

　もう1つは，余暇の時間の捉え方や認識を広げることが重要だと考えられます。ここまでの議論から高校生にとっての余暇の捉え方は「気晴らし」や「休息」が中心となっています。しかし，こうしたイメージだけでは余暇が情報端末を中心とした過ごし方に偏りやすくなってしまいます。そこで，余暇の時間には「自己実現・自己開発」の機能があることを伝え，普段行っている余暇活動を一度「自己実現・自己開発」を目的とした活動の視点で捉え直してみる学習が重要だと考えられます。また情報端末を「自己実現・自己開発」の達成のためにどのように効果的に活用できるかの視点で捉え直し，情報端末をメインとした過ごし方から，情報端末をサブアイテムとして適切に活用する過ごし方へと考え方や行動の変容を促していくことが考えられます。先の小田ら（2024）の研究では，余暇の目的までは考慮されていないため，余暇を振り返る上では，3つの要素に加えて，その余暇活動を通して何がしたいのかという「余暇の目的」も振り返りつつ，余暇は単に「気晴らし」や「休息」を行うためだけの時間で終始するものではないという気づきを与えていくことが必要だと考えられます。また，その上で自分なりの「自己実現・自己開発」としての余暇を設計していく学習活動が考えられます。

　これらの学習を通して，余暇を充実させていく力を育成するとともに，

情報端末を活用した過ごし方に偏らない余暇の構築を支援していくことが重要だと考えられます。

6.5 今後の展望

　以上，本章では，「情報端末を活用していない自分」に着目し，余暇の過ごし方に対するアプローチから，時間の使い方を情報端末中心の活動に偏らせないことで，情報端末の長時間利用と適切に向き合っていく態度を育成する教育方法について検討してきました。今後は，子どもたちが余暇の時間になぜ情報端末を利用した活動を行うのか，その目的を「暇つぶし」も含めて改めて検討していく必要があると考えられます。また，情報端末を利用した活動が余暇時間のどれほどを占めているのかも明らかにする必要があります。これらの実態をふまえて，実際に子どもたちの情報端末の長時間利用を防ぐ余暇教育の具体的な在り方や教材，実践方法について検討を行っていく必要があると考えられます。

第7章
情報モラルを組織的・体系的に進めるために

7.1 情報モラル教育に対する教員の悩み

（1）「他にやらなきゃいけないことが多くて…。」

　小学校教員の日常は非常に多忙です。授業準備や採点だけでなく，保護者対応，クラブ活動の指導，学校行事の運営など，多岐にわたる業務をこなさなければなりません。このような中で情報モラル教育を計画・実施することは，非常に難しい課題です。

　昨年まで大学にいた筆者は，「教員の多忙さはそこまでではないだろう」と考えていましたが，教員一年目の現実はそれ以上でした。ここでは，小学3年生担任としての筆者の一日を例に，教員のスケジュールを紹介します。

　表7-1から，小学校教員がいかに多忙であるのかが明らかです。授業準備や採点に加え，休み時間も子どもたちの見守りや相談対応に追われ，計画していた業務を進める余裕はほとんどありません。さらに，突発的な対応が頻繁に発生し，仕事の優先順位を見直さざるを得ない状況にあります。

　放課後も会議や翌日の授業準備が続き，情報業務が終わらない場合は自宅に持ち帰ることも少なくありません。このような状況で情報モラル教育に専念する時間を確保するのは非常に難しいと言わざるを得ません。情報モラル教育の重要性を理解しつつも，実際に授業に取り入れる余裕がないのが実情です。

表 7-1 小学校教員の一日

時　間	業務内容
7:15	学校に到着し，自席のパソコンに電源を入れ，一日のスケジュールを確認したら，授業準備をしに教室に向かいます。
7:45	子どもたちが登校。順次宿題チェックを進めます。
8:15	朝の会にて，出欠をとりながら児童の健康観察をします。
8:20	モジュールの時間が設定されており，漢字ドリルや漢字テスト，計算ドリルなどを指導します。情報モラルの時間が入ることもあります。
8:40	1時間目が始まります。
9:35	9:25から10分間休憩した後，2時間目です。
10:20	中休みには，廊下を見守る先生・外で遊ぶ先生など学年で分担しながら子どもたちを見守ります。
10:40	3時間目です。
11:35	10分休憩後，4時間目です。
12:20	給食の配膳を済ませ，給食を食べ，宿題チェックの残りを行います。給食を片付け，子どもたちの歯磨きや掃除を見守ります。
13:25	昼休みも同様に学年で分担して子どもたちを見守ります。
13:50	5時間目です。
14:35	帰りの会をして，15:00を目安に子どもたちを帰します。
14:55	月に一度程度，委員会活動やクラブ活動があります。
16:00	全校児童が帰ります。まずその日に起きたトラブルや欠席が続く子の様子確認など保護者連絡をします。
16:30	学年会議や学校全体での職員会議，校務分掌など学校全体としての仕事をします。
17:30	初任者指導教員との研修や授業プリントやテストの採点，翌日の授業で使うプリントや教具を作成し，個人の仕事をします。
19:30	帰宅

（2）「情報モラルの教材，どれを選べばいいの！？」

　情報モラル教育の教材には様々な種類があります。次に代表的な教材とその概要をまとめました。

表 7-2 情報モラル教材とその概要

教　材	概　要
道徳教科書の教材	道徳教科書における情報モラル教材
NHK for School の教材[1]	NHK の教育番組からの情報モラル教材
文部科学省 情報モラル学習サイト[2]	文部科学省提供の情報モラル学習サイト
文部科学省の動画教材[3]	情報化社会の問題を考える動画教材
ネット社会の歩き方[4]	アニメーションで学べる情報モラル教材
事例で学ぶ Net モラル[5]	有償のドラマ仕立て情報モラル教材

　上記の表に示したもの以外にも，多くの情報モラル教材が存在します。選択肢が豊富である一方で，どの教材を選ぶべきか判断が難しい状況です。

　さらに，これらの教材の多くは，特定のトラブルに焦点を当てたもので，単発の 1 時間授業に適したものが主流です。しかし，実際の指導場面では，こうした教材が必ずしも合致しないことがあります。GIGA スクール構想に伴い，利用可能な教材や実践例が増えましたが，その選定はますます難しくなり，教員の負担増加が懸念されます。

（3）「あの先生はいつもやっているけど，私は…。」

　情報モラル教育に対する教員の意欲やスキルには，個人差があります。LINE みらい財団（2021）の調査によれば，ICT 活用を「得意」と感じている教員は積極的に情報モラル教育に取り組む傾向が強いことがデータ

---

[1] NHK「NHK for School」,https://www.nhk.or.jp/school/（最終アクセス：2024/08/16）
[2] 文部科学省「情報モラル学習サイト」, https://www.mext.go.jp/moral/#/（最終アクセス：2024/08/16）
[3] 文部科学省「情報化社会の新たな問題を考えるための教材」, https://www.youtube.com/playlist?list=PLGpGsGZ3lmbAOd2f-4u_Mx-BCn13GywDI（最終アクセス：2024/08/16）
[4] 一般社団法人日本教育情報化振興会「ネット社会の歩き方」, http://www2.japet.or.jp/net-walk/（最終アクセス：2024/08/16）
[5] 広島県教科用図書販売株式会社「事例で学ぶ Net モラル」, https://www.hirokyou.co.jp/netmoral/（最終アクセス：2024/08/16）

から示されています。具体的には，ICT活用を「とても得意」と感じる教員の92.7％（小学校）と100％（中学校）が実際に情報モラル指導を行っています。一方，「苦手」と感じる教員の多くは，指導に対する抵抗感を持ち，実践の機会が少ないことが分かります。

だからこそ，全ての教員が同じ基準で教育を進めていけるよう，学校全体で「組織的・体系的」に情報モラル教育を進めることが必要です。「組織的」とは，学級や学年間，学校全体で一貫した方針を持ち，連携を取ることを意味し，「体系的」とは，発達段階に応じた教育内容を段階的に進めることを指します。

（4）情報モラル教育に対する教員の悩みをまとめると…

ここまでの内容を踏まえると，教員が情報モラル教育を進める際の主な課題は，「時間がないこと」，「教材を選びにくいこと」，そして「組織的・体系的に進めにくいこと」の3点です。

これらの課題を克服し，効果的な情報モラル教育を実現するためには，学級間や学年間，学校全体での連携を強化し，子どもたちの理解度を共有することが重要です。体系的な教育を進めることで，端末活用や発達段階に応じた教育を行い，安全かつ効果的に活用できる環境を整えることができます。

7.2 組織的・体系的な情報モラル教材の紹介

（1）現職教員の悩みを解決する「GIGAワークブック」

これまでの課題を解決する具体的な教材としてLINEみらい財団が提供している「GIGAワークブック」を紹介します。この教材は，教員が抱える「時間がない」，「教材を選びにくい」，「組織的・体系的に進めにくい」という課題を解決するために開発されました。

「時間がない」という問題に対しては，15分で完結する教材が提供されており，忙しい教員でも無理なく実施できます。また，「実際の活用と合

わせて実施できる教材を選びにくい」という課題には，実際の活用場面を想定し，即座に取り入れやすい教材が用意されています。さらに，「組織的・体系的に進めにくい」という問題に対しては，発達段階や活用場面に応じた指導内容が段階的に構築されており，体系的に教育を進めやすくしています。

（２）「GIGA ワークブック」の活用を支えるサポートツール

GIGA ワークブックの活用を支えるサポートツールとして，チェックリスト，年間指導計画作成ツール，コンテンツ逆引きツールがあります。

■実施項目チェックリスト

このツールを使用することで，他クラスとの連携が容易になります。どの教材を使用したかを年度ごとに蓄積でき，学年を跨いだ一貫性のある指導が可能です。筆者の学校では，各クラスで指導が終わったら本シートにチェックを入れ，どのクラスがどこまで学習しているかを把握できるようにしています。

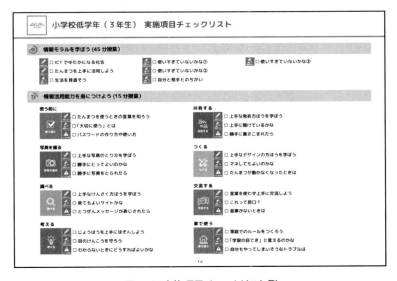

図7-1 実施項目チェックリスト例

■年間指導計画作成ツール

このツールを活用すると、児童・生徒の学年や主に習得してほしい内容、授業頻度に応じて、情報モラル・情報活用教育を年間の指導計画に組み込むことが容易になります。

例えば、端末活用にまだ慣れていない子どもたちが多ければ、活用スキルに重きを置いた指導計画を作成することが可能です。

■コンテンツ逆引きツール

GIGAワークブックには100近いコンテンツが収録されていますが、選択の難しさを軽減するためにコンテンツ逆引きツールが開発されました。このツールを使用することで、「特定のトラブルが起きた際にどの教材を使うべきか」「授業で特定の内容を教える際にどの教材が適しているか」を迅速に判断できます。増加した教材の中から最適なものを効率的に選択できるようになります。

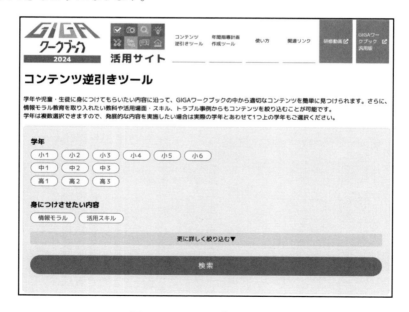

図 7-2 コンテンツ逆引きツール

7.3 組織的・体系的な情報モラル教育の実践例

（1）小学校低学年における「GIGAワークブック」の実践例

ここでは，2023年11月に小学3年生のクラスで行われた「GIGAワークブック」を用いた実践を紹介します。事前にクラスの実態調査を行い，「パスワードのトラブル」や「端末の使い過ぎ」に関する問題があったことを踏まえて，以下の指導案を実施しました。

表7-3　A小学校(3年生)の指導案

時間	指導内容	・準備物　◆注意点
導入 5分	□今の状態を確認してみよう ・現在の理解度を確認するためのアンケートを行う	・スライドデータ ・学習用端末 ・授業前アンケート
展開1 5分	□パスワードの作り方や使い方 ・教材についている問題を紹介する ・個人作業後，グループごと，気づいたことを全体に共有する ・全体で注意点を押さえる	◆パスワードは家の鍵のようなもので，第三者に教えてはいけないことを理解させる
展開2 15分	□学習の目てきと言えるのかな ・教材についている問題を紹介する ・個人作業後，グループごと，気づいたことを全体に共有する ・全体で注意点を押さえる	◆学習の目的と言えるかは人によって異なることを学ぶ
展開3 15分	□使いすぎていないかな① ・教材についている問題を紹介する ・個人作業後，グループごと，気づいたことを全体に共有する ・全体で注意点を押さえる	◆自分と保護者や自分と友達との間で「使いすぎ」と感じる時間が異なることに気づかせる
まとめ 5分	□今の状態を確認してみよう ・授業内容の振り返りと理解度を確認するためのアンケートを行う	・授業後アンケートの回答フォーム（紙媒体も用意する）

（２）小学校高学年における「GIGA ワークブック」の実践例

　こちらは，2023 年 11 月に小学 6 年生のクラスで行われた実践例です。クラスの実態調査から「端末の扱い方」や「不適切なサイトの閲覧」などのトラブルが発生していることを踏まえて，表 7-4 の指導案を用いました。

表7-4　A小学校(6年生)の指導案

時間	指導内容	・準備物 ◆注意点
導入 5分	□今の状態を確認してみよう ・現在の理解度を確認するためのアンケートを行う	・スライドデータ ・学習用端末 ・授業前アンケート
展開1 15分	□端末を使う時は ・教材についている問題を紹介する ・個人作業後，グループごと，気づいたことを全体に共有する ・全体で注意点を押さえる	◆「自分はトラブルを起こさない」と思いがちだが，起こす可能性があることに気づかせる
展開2 10分	□「学習の目的」と言えるのかな ・教材についている問題を紹介する ・個人作業後，グループごと，気づいたことを全体に共有する ・全体で注意点を押さえる	◆端末は学習のために配布されていることを理解させる ◆学習の目的と言えるかは人によって異なることを学ぶ
展開3 10分	□「なりすまし」を防ぐには ・教材についている問題を紹介する ・個人作業後，グループごと，気づいたことを全体に共有する ・全体で注意点を押さえる	◆「なりすましは自分には無関係だ」と思いがちだが，小さいミスからなりすましが起きることに気づかせる
まとめ 5分	□今の状態を確認してみよう ・授業内容の振り返りと理解度を確認するためのアンケートを行う	・授業後アンケートの回答フォーム（紙媒体も用意する）

（3）中学校における「GIGA ワークブック」の実践例

2023年4月に中学2年生のクラスで行われた実践例を紹介します。クラスでは「GIGA ワークブック アドバンスド版」を用い，「考える」の教材を活用して指導を行いました。

表7-5　B中学校(2年生)の指導案

時間	指導内容	・準備物　◆注意点
導入 5分	□今の状態を確認してみよう ・現在の理解度を確認するためのアンケートを行う	・スライドデータ ・スクリーン ・学習用端末
展開1 15分	□アンケートの質問項目をつくろう ・教材についている問題を紹介する ・個人作業後，グループごと，気づいたことを全体に共有する ・全体で注意点を押さえる	◆自由意志でアンケートに参加すること，ダブルバーレル質問[6]を避けること，項目の作り方に着目させる
展開2 15分	□ルールのズレを考えよう ・教材についている問題を紹介する ・個人作業後，グループごと，気づいたことを全体に共有する ・全体で注意点を押さえる	◆「学習の目的」「不適切な」「夜遅く」のように，お互いのイメージの「ズレ」に着目させる
展開3 10分	□盗用を防ぐには ・教材についている問題を紹介する ・個人作業後，グループごと，気づいたことを全体に共有する ・全体で注意点を押さえる	◆引用の基礎的な知識やスキルを身に付けさせるとともに，なぜそれが重要なのかについても考えさせる
まとめ 5分	□今の状態を確認してみよう ・授業内容の振り返りと理解度を確認するためのアンケートを行う	・授業後アンケートの回答フォーム

---

[6] ダブルバーレル質問とは、1つの質問文で2つ以上の論点や要素を尋ねる質問です。

7.4 実践の成果と今後の展望

　GIGAワークブックを活用した授業実践を通じて，児童・生徒の情報モラルに対する意識が確実に高まっていることが確認されました。小学校低学年では，パスワードの管理や端末の使用時間についての理解が深まり，高学年や中学生では，より複雑な情報モラルの問題に対して，自分自身で考え，適切に対処する力が身についてきています（窪，2024）。

　しかしながら，これまでの実践からも明らかなように，単発の授業だけでは行動変容にまで結びつけるのは難しいという課題があります。これには，長期的かつ繰り返しの指導が不可欠です。特に，過去にトラブルを経験している児童・生徒は，指導の効果がより大きいことが示されており，個別のニーズに対応した指導が有効であることが示唆されています。

　また，GIGAワークブックの活用により，指導準備の時間が短縮され，授業内容が児童・生徒に「自分ごと」として受け入れられやすくなった点も，大きな成果です。しかし，ICTに対する抵抗感を持つ教員や，家庭との連携に課題を感じている現場の声もあり，これらの課題に対するサポートが今後必要です。特に，家庭での学びをサポートする仕組みづくりや，学校全体での統一的な取り組みが求められます。

　これらの成果を基に，GIGAワークブックは今後もアップデートを重ね，教育現場でのフィードバックを反映し続ける予定です。現職教員の皆さんには，ぜひこの教材を試し，クラスの実態に合わせた指導を展開していただきたいと思います。また，教員を目指す大学生の皆さんにも，これらの実践を参考にしながら，将来の教育現場での活用を視野に入れていただきたいです。GIGAワークブックを通じて，すべての児童・生徒が情報社会で安全に，そして責任を持って行動できるスキルを身につけることが期待されています。

付記

　本章で紹介している「GIGAワークブック」はLINEみらい財団と静岡大学の共同研究の成果です。また，「GIGAワークブックサポートツール」は，LINEみらい財団と常葉大学の共同研究の成果です。各コンテンツの詳細は，以下のサイトよりご確認ください。

LINEみらい財団「新たな活用型情報モラル教材『GIGAワークブック』」
https://line-mirai.org/ja/events/detail/new/41
GIGAワークブック2024 活用サイト
https://giga-work.jp/

【コラム①】 学校現場における労働環境の改善と情報モラル教育の量的な指導の拡充に向けて

　情報モラル教育の現状として，LINE みらい財団（2023）から「現在の時間割の中で情報モラル教育を年間どのくらい増やすことが可能だと思いますか」の質問に対して，44.5％の教員が「増やすことは難しい」と回答していることからも，時間確保の難しさが考えられます。この時間確保について，年間の教科等指導の中に情報モラル教育を位置づけることに難しさがあることはもちろんですが，大前提として教員の多忙化に起因した情報モラル教育に関する教材研究を行う時間の量的不足が情報モラル教育の実施に歯止めをかけている可能性も考えられます。

　このような教員の多忙化に対して，GIGA スクール構想により校務における ICT 活用を進め，校務負担を軽減することに期待が高まっています。しかし，現状は校務へ ICT を導入して業務の効率化を図れている教員ばかりとは言えず，ICT を苦手とする教員やその必要性について理解を示さない教員もいる中で，限られた教員のみが ICT を校務へ活用しているという現状もみられます。それでは，どのようにして効果的に校務を改善していけばよいのでしょうか。これについて，石切山・酒井（2023）は，各校務の課題の所在に基づいた ICT の活用方法の周知や研修を模索する必要性を示唆しています。表 1 は，石切山・酒井（2023）の中で取り上げられた校務に対する負担感と，その校務に対する ICT を活用した負担軽減方法の認知を示したものです。例えば，「成績・統計・評定処理」は，ICT を活用することにより一定の負担軽減が望めるものの，この校務そのものの量自体も膨大で，ICT 活用以外の部分に処理の難しさが多くある校務といえるでしょう。一方で，アンケートの実施・集計は，Google フォーム等のアンケートツールを活用することで，オンライン上でアンケートを実施することができ，自動で集計まで行うことができます。そのため，ICT 活用が校務の大部分を効率化し，効果的に改善することができる校務と言えます。

表1 各校務の負担感と認知の平均値

校務	負担感 (S.D.)	ICT活用の認知 (S.D.)
成績一覧表・指導要録の作成	4.44 (0.92)	2.90 (1.00)
問題行動への対応	4.39 (0.92)	2.27 (1.00)
PTA活動業務	4.37 (0.83)	2.66 (1.06)
統計処理・報告文書作成	4.37 (0.89)	2.59 (0.97)
成績・統計・評定処理	4.34 (0.85)	2.90 (0.94)
研修会・教育研究のレポート作成	4.32 (0.69)	2.66 (1.02)
保護者・地域への対応	4.29 (1.01)	2.34 (0.99)
アンケートの実施・集計	4.27 (1.05)	3.20 (1.21)
指導の照会・回答	4.20 (0.81)	2.54 (1.05)
週案・指導案作成	4.12 (1.05)	2.71 (1.01)
在籍管理	4.02 (1.21)	2.85 (1.04)
地域との連携業務	4.02 (1.06)	2.56 (0.92)

　実際に，取り上げられた負担感の高い校務の中では，最もICTを活用した負担軽減方法の認知が高くなっているため，今後はより認知が進み校務の効率化が図られる校務であると予想されます。このように，各校務がもつ課題や内容に応じてICTを活用した校務の改善策を講じる必要があります。

日々，多忙な学校現場であるため，効果的・効率的に校務の負担を改善していくことで，情報モラル教育の教材研究を行う時間や情報モラル教育に関する知識の習得など時間的余裕の捻出につながるでしょう。

Ⅱ. 実践編

第8章
小学校高学年を対象とした保護者参観における授業の実践

　本章では，Society5.0 時代に向けた情報モラル教育の実践例として，ネット上での情報発信のトラブルとネットの長時間利用のトラブルに対する当事者としての「自覚」を促すことを目的とした実践をご紹介します。本実践は，小学5年生の保護者参観の時間を対象としています。最近では，児童だけではなく，保護者に対して，どのように情報モラルを理解してもらうかということも課題となっていますので，取り組みを考えるきっかけとして本実践を紹介します。

8.1　授業の開発

（1）授業のねらい
　本実践は，小学校高学年の児童のネット利用に対して，トラブルを防止する行動につなげるため，単に危険性や対処法を知識として教える講演形式の授業ではなく，グループで議論をしながら考えを共有するワークショップ型の授業としました。具体的には，ネットでの情報発信のトラブルやネットの長時間利用のトラブルに対して，「思い込み」をキーワードとして，「自分もネット上で相手の嫌がることをしてしまうかもしれない」，「自分もネットを長時間利用してしまうかもしれない」といった問題の当事者としての「自覚」を促すことを目的としました。

（2）授業の概要
　授業は，小学校の基本的な授業時間（45分）を想定し，「ネット上のコ

ミュニケーションをテーマとした授業（以下，授業①）」と「ネットの長時間利用をテーマとした授業（以下，授業②）」の2つの授業を開発しました。なお，2つの授業ともに LINE みらい財団が提供している「GIGA ワークブック」の教材（以下，GIGA ワークブック）を取り入れました。

■授業①「ネット上のコミュニケーションの思い込みを考えよう」

　授業①では，導入＋3つの活動＋まとめで構成しています。導入では，授業テーマの説明とアイスブレイクを行います。活動①では，「GIGA ワークブック」にある「自分と相手とのちがい」のワークより，「まじめだね」「おとなしいね」「いっしょうけんめいだね」「個性的だね」「マイペースだね」と書かれた5枚のカードを提示し，「この中でクラスの友達から言われて『いやだな』と感じる言葉は何か」という発問を行います。選んだカードとその理由をグループごとに共有させた後，「自分と相手のいやなことは一緒だろう」という思いこみは危険であること，ネットの情報発信では情報量が少なく，状況が判断しにくいことを説明します。

　活動②では，3枚の写真を提示し，「次の写真をネットで発信するとしたら，どこに気をつければいい？」と発問し，写真の中の危険だと思う箇所に丸をつける活動を行います。ここでは，写真をネット上に公開する場面では，自分がどんな人か分かってしまう情報，自分以外の人がどんな人か分かってしまう情報，人や場所を分かりやすくしてしまう情報等には注意が必要であることを説明します。

　活動③では，自分だけが被害者や加害者にならなければ良いわけではなく，周辺者としての関わり方を学習するため，「GIGA ワークブック」にあるチャットの悪口，どう止める？」のワークを用いて，「クラスのグループチャットに，『○○はバカ』という書き込みがあったら，どのように対処するか」を考えさせます。その際，「『そんなこと言う人がバカじゃない？』と書く」「グループでは何もせずに，個別にチャットで注意する」「そのまま何もせずに，次の日に直接注意する」「グループから外す」という対処法が書かれた四つのカードを提示し，自分が良いと思う対処

法を選ばせます。その後,「自分が気をつけていれば大丈夫」と思いこむのではなく,チャットでトラブルがあった時自分を守るための対応方法を考える必要があることを説明します。

表8-1 授業①の流れ

学習活動（時間）
1.【導入】トラブルの原因は"思いこみ"（5分） ①「コンビニ」,「歯医者」,「美容院」の中で,日本国内で一番お店の数が多いのはどれだと思うか質問する。 ・人は「よく見るもの」を「多い」と思いこんでしまう。 　思いこみはヒューマン・エラーにつながる大きな要因となる。
2.【活動①】自分と相手の嫌なことは同じ？（10分） ①5つの言葉を書いたカードの中で,クラスの友達から言われて「いやだな」と感じるものを一つ選択させる。 ・「まじめだね」「おとなしいね」「一生懸命だね」「個性的だね」「マイペースだね」 ②グループでそれぞれの考えを比較させる。 ③ネットのコミュニケーションは文字だけであるため,表情や声の大きさが分からず,状況を判断しにくいことを確認する。
3.【活動②】これくらいなら大丈夫は本当に大丈夫？（15分） ①写真や動画の撮影や公開で,自分の想定と違った結果になることもあることを確認する。 ・炎上したり,ストーカー被害に遭ったりする可能性がある。 ②写真をSNSに載せる時,どこに気をつければよいのかを考える。 ・自分がどんな人か分かってしまう情報,自分以外の人がどんな人か分かってしまう情報,人や場所を分かりやすくしてしまう情報等には注意が必要であることを確認する。
4.【活動③】自分だけが気を付けていれば大丈夫？（10分） ①グループチャットで「○○はバカ」という書き込みがあったとき,どのような対応をするかを考える（カードに書かれた四つの対応策から選択する）。 ・「『そんなこと言う人がバカじゃない？』と書く」 ・「グループでは何もせずに,個別にチャットで注意する」 ・「そのまま何もせずに,次の日に直接注意する」 ・「グループから外す」 ②自分ならどのような対応をするか,グループで共有させる。
5.【まとめ】（5分） ・情報を発信するときは「思いこみ」を確かめてみよう！

最後にまとめとして、ネットで情報を発信するときは「思いこみ」を確かめる必要性があることを伝えます。以上を授業①として、開発を行いました（表8-1）。

■**授業②「ネット上のコミュニケーションの思い込みを考えよう」**
授業②では、2つの活動＋まとめで構成しています。
活動①では、「平日、ゲームやネットを何時間使っていたら『使い過ぎ』だと思うか」という問いに対して、「30分」「1時間」「2時間」「3時間」「4時間」の5枚のカードから選び、グループで共有します。さらに、「『この人、ネットやゲームを使い過ぎだな』と思う順にカードを並べてみましょう」という問いに対して、「家族と遊びに行くときにいつもスマホやゲーム機を持っていく」「おこづかいは、ほとんどゲームに使っている」「いつもネットやゲームの話ばかりする」「友だちと話しているときに、スマホやゲームで遊んでいる」「ネットやゲームに夢中になるとあっという間に時間がたってしまう」の5枚のカードを使い過ぎていると思う順番に並べ替えを行わせます。これについても、グループで共有することで、他者と自分との感覚の違いに気づくことができます。
活動②では、端末の利用に関するルールをやぶってしまおうかなという気持ちになった時どうするかを考える活動を行います。まず「遊んでいる途中で終わる時間がきたとき」「終わる時間を忘れてしまったとき」「勉強中にスマホやゲームが見えてしまったとき」「友だちと一緒に遊んでいるとき」の4枚のカードの中から、ルールをやぶってしまいそうなときはどんなときか選んでもらいます。従来、ルールの指導では「ルールを守りましょう」で終わっていましたが、実際には守れない場合もあります。そのため、自分がルールを破りそうになる時を予め想定させ、それを防ぐための方法を考えることでルールだけではなく、それを守る工夫を合わせて考えることができます。児童に考えてもらった後には、例として「終わりの時間に音楽やアラームを設定しておく」、「使う前に何時まで使うかをおうちの人に宣言しておく」などの例を紹介します。

最後に授業のまとめとして,「使い過ぎていないという思い込みが生じている可能性があること」や「ルールを決めるだけではなく，自分でも守る工夫を考える必要性」を伝えます。以上を授業②として，開発を行いました（表8-2）。

表8-2 授業プログラム②の概要

学習活動（時間）
1．【活動①】ゲームやネットの使い過ぎとは？（20分） 　①平日，ゲームやネットを何時間使っていたら「使い過ぎ」だと思うか5枚のカードの中から選択する。 　・「30分」「1時間」「2時間」「3時間」「4時間」 　②どのカードを選んだか，グループで共有する。 　　「自分だけは『たくさん使っていない』と思いこんでいないか？」 　③「この人，ネットやゲームを使い過ぎだな」と思う順にカードを並べ替えさせる。 　・「家族と遊びに行くときにいつもスマホやゲーム機を持っていく」 　　「おこづかいは，ほとんどゲームに使っている」 　　「いつもネットやゲームの話ばかりする」 　　「友だちと話しているときに，スマホやゲームで遊んでいる」 　　「ネットやゲームに夢中になると，あっという間に時間がたってしまう」 　④並べたカードの順番をグループで共有し，周りの人からみると，「使い過ぎ」になっていないか確認する。 　⑤ネットやゲームを使い過ぎてしまうとどのような影響があるのかを考える。
2．【活動②】ルールや約束をやぶってしまいそうな時は？（20分） 　①ルールや約束を守ることは大切だけど，破ってしまいそうなときを考えて対策を話し合う。 　・遊んでいる途中で終わる時間がきたとき 　　終わる時間を忘れてしまったとき 　　勉強中にスマホやゲームが見えてしまったとき 　　友達と一緒に遊んでいるとき 　②ルールを守るための工夫を提示する。 　・終わりの時間に音楽やアラームを設定しておく 　・使う前に何時まで使うかをおうちの人に宣言しておく　など
3．【まとめ】（5分） 　・自分はスマホやゲームを使い過ぎていないと『思いこんで』いないかな？ 　・ルールや約束を決めて，自分で守る工夫も考えておこう

8.2 授業の実践

(1) 実践の概要

実践は，X小学5年生42人と保護者参観の保護者を対象として行いました。

実践では，子どもたちが非常に楽しそうに活動していた様子が見られました。グループ内で共有する場面も多く設定したため，積極的に授業に参加している児童が多くみられました。

図8-1　実践の様子

(2) 実践の結果

授業の直前と直後に質問紙調査を実施し，授業による意識の変容を調査しました。まず，児童のみに行った調査では，ネットでの情報発信やネットの長時間利用に関する自覚がみられたかどうかを尋ねる質問を設定しました（図8-2）。

この結果をみると，「自分は知らない人ともチャットできちんとやりとりをすることができる」，「自分はインターネットで遅い時間に友達に連絡をしたことがある」の質問項目に関して，事前に対して事後では「とてもそう思う」と回答した人数が減少していることが確認されました。このことから，子どもたちが授業を通して「思っていたより，自分はきちんとチャットでやりとりできていないかもしれない」，「意外と長い時間インターネットを使っているかもしれない」といったネット利用に関する自覚を促せた可能性が考えられます。

他方，「インターネットを使うことで自分の身体に悪い影響が出ているなと感じる」，「インターネットを使うことで学校の勉強に悪い影響が出ているなと感じる」といった質問項目では，事前と事後で大きな変化は

見られませんでした。このことから，今回の実践は，児童にとってネットの悪影響を理解させるものではなく，自覚を促すというねらいに沿ったものであったと考えられます。

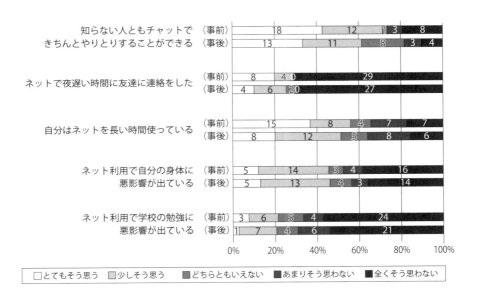

図8-2 自覚に関する質問項目（児童）

次に，児童と保護者に行った調査では，児童のネットの使い方に関する質問を設定しました（図8-3）。この結果をみてみると，「自分（お子様）は知らない人ともチャットできちんとやりとりをすることが出来ると思う」，「（お子様は）インターネットで夜遅い時間に友達に連絡をしたことがある」の質問項目に対して，児童と保護者の認識に大きく差があることが明らかとなりました。また，「自分（お子様）はインターネットを長い時間使っているなと感じる」の質問項目に対して，「あまりそう思わない」，「全くそう思わない」と回答した合計人数は，児童に対して保護者は半数に近い人数でした。このことからも，児童と保護者の間で日常のネット利用のリスクの認識が異なっている可能性が示唆されました。

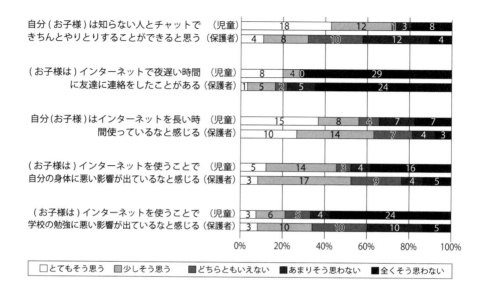

図 8-3 児童のネットの使い方に関する質問項目（児童・保護者）

また，保護者に授業に参加した感想を自由記述で集計したところ，「適当に見過ごしていた部分を改めて親子で話し合いたいと思いました」，「子どもと自分との考えに違いがあることが分かってよかったです」，「親も思いこみにより使い過ぎているので，親が一方的にルールを決めるのも良くないなと思いました」などの感想がみられました。

8.3 本章のまとめ

今回の実践では，ネット上での情報発信のトラブルとネットの長時間利用のトラブルに対する当事者としての「自覚」を促すことを目的とした授業を保護者参観の中で行いました。その結果，実践の事後において児童のネットの問題に対するリスクの自覚が促されたことが示唆されました。また，保護者も参加することにより，児童と保護者との認識の差を知るきっかけになったとも考えられます。

このように今後の情報モラル教育においては，子どもたちの自覚を促進するとともに，保護者も一緒になって参加できる実践の機会を設けていくことが大切でしょう。また，このような実践を通して家庭の中でルールを決めたり，トラブルが起きた時に大人に相談できたりするような環境を構築しておくことが必要となるでしょう。

【コラム②】小学校における情報モラル教育の現状と課題

（1）小学校における情報モラルに関するトラブルの実態

　GIGA スクール構想という言葉が提唱され，1人1台端末が教育現場に普及し始めてから，4年が経過しようとしています。情報端末の活用が進むにつれ，情報モラルに関する様々なトラブルが起きています。筆者の勤務する小学校のトラブルを内容ごとに大別すると，端末の破損や紛失などの端末の取り扱いに関するもの，長時間の利用や不適切な動画の視聴など個人の利用方法に関するもの，SNS に代表されるテキストを介したコミュニケーショントラブルや，無断撮影や録画及びその拡散などの対人関係に関するトラブルの3つが挙げられます。特に低学年では，端末の取り扱いに関するトラブルが多く，高学年になるにつれ，個人の利用方法に関するトラブルから対人関係に関するトラブルへと内容が変容もしくは拡大していく傾向があります。

（2）小学校における情報モラル指導の実態

　この4年間，多くの教員が1人1台端末を学校教育においてどのように活用できるのかを必死で考え，試行錯誤してきたと思います。一方で，情報モラルに関する指導についてはどうでしょうか。多くの場合，道徳や学級活動または外部講師による講演などワンポイント指導として行われたり，モジュール時間に動画を視聴させるなど無意識的な指導になっていたりすることが多いように思います。そして，実際にトラブルが起きた時には，ルールを作って禁止したり，端末の機能に制限をかけたりするなど他律的な指導が行われることも少なくありません。授業や給食指導，清掃指導，児童・生徒の怪我や病気への対応，保護者への対応など多忙化が叫ばれて久しい教育現場において，情報端末に関するトラブルへの指導が他律的になることはある意味必然と言えるのかもしれません。

（3）これからの情報モラル教育に期待すること

「忙しい」を盾にして，情報モラル教育が禁止の教育のままで良いのでしょうか。そうではないことは，周知の事実です。では，どうあるべきなのでしょうか。情報モラル教育を2つの視点で，捉え直すことが重要ではないかと考えられます。

1つ目は，活用とセットでトラブルを考えるという発想です。教員はこれまで子どもに端末を使わせる際，活用の光の部分にのみ焦点を当て，影の部分をあまり見てこなかったように思います。例えば，家庭学習で学習に関連する動画を視聴してくることを宿題に出した時，どんな影の部分が想像できるでしょうか。関連動画を長時間視聴し続けてしまうかもしれませんし，視聴する環境が暗いかもしれません。もしかすると，画面を録画してSNSに投稿してしまうかもしれません。(1)で述べたように，情報モラルのトラブルには発達に応じてある程度の系統が存在することは間違いありません。しかし，系統を全て理解することが難しいのはいうまでもありませんが，児童の実態は系統表通りにはいかないこともまた公然の事実です。だからこそ，活用とセットで，起こり得るトラブルを子どもと一緒に想起し，対処法を考えることが必要なのです。「一緒に考える」ことでいずれは自律的に判断する力も育つことでしょう。

2つ目は，情報モラルに関するトラブルがどのような影響を自分や周りに及ぼすのかという視点です。「端末は学習用に借りているものだから，大切にしなさい。」という指導を見かけたことがあります。これは裏を返せば学習用端末でなければ大切にしなくていいと言っているのと同じではないかと思います。ではどうあるべきなのでしょうか。それは，端末を大切に扱わないことでどんな影響があるのかという視点で指導することです。端末を破損することで，学級全体の学習が遅れてしまうかもしれませんし，家族に弁償費用の請求が来るかもしれません。

情報モラル指導は特別な知識が必要なように思われがちですが，そうではなく「活用」と「トラブル」，「トラブル」と「リスク」を関連づけることで誰でもどこでもいつでも行えるのではないかと期待しています。

第9章
中学生を対象としたタイムマネジメントの力を育む授業の実践

　本章では，ネットの長時間利用のリスクへの対応力を扱う実践例として，中学生を対象としたタイムマネジメントを扱った授業を紹介します。この実践では，中学校1年生を対象に「ネットを使い過ぎないようにしよう」で終わらせる指導ではなく，時間の使い方を工夫するためのスキルを身につけることを目的としています。日常生活に情報端末が溢れている中で，こうしたスキルを身につけながら，リスクへ対応していくことが大切となるでしょう。

9.1 授業の開発

（1）授業のねらい
　本実践は，スマートフォンの所有や利用時間が増加する中学生を対象にネットを適切に使用するための情報モラル授業の授業としました。このとき，単にネットの利用を制限するのではなく，自らが工夫することでネットの利用時間を上手に使っていくことを心掛けました。この時，第8章と同様に他者との認識の際に気づかせることも大切であると考えられるため，グループで議論をしながら考えを共有するワークショップ型の授業としました。この授業では，ネットの長時間利用の感覚の違いに気づかせるとともに，それを踏まえた具体的な対応方法についても考えることをねらいとしています。

（２）授業の概要

　授業は，中学校の基本的な授業時間（50分）を想定し，「ネットの使い過ぎ尺度を作成しよう」をテーマとした授業（以下，授業①）」と「ネットを使い過ぎないための工夫を考えよう」をテーマとした授業（以下，授業②）を開発しました。なお，第8章と同様に本実践にも一部，LINEみらい財団が提供している「GIGA ワークブック」の教材（以下，GIGAワークブック）を取り入れました。

■授業①「ネットの使い過ぎ尺度を作成しよう」

　授業①では，導入＋2つの活動＋まとめで構成しています。導入では，授業テーマの説明とネットやゲームをつい遊んでしまいたくなる理由を簡単に説明します。具体的には，「おすすめ動画が提示される」「友達と一緒に遊べる」「何回か遊ぶと遊べなくなるといった制限がある」などです。

　活動①では，「平日，ネットを何時間使っていたら『使いすぎ』だと思う？」という質問に対して，「1時間」「2時間」「4時間」「6時間」「8時間」の中から一つだけ選んでもらいグループの中で一斉に提示します。提示した後，選んだ理由を共有することで，自分と他者との感覚の違いを認識することができます。

　活動②では，個人で「この人，ネットや情報端末を使い過ぎているな」と感じる事例を付箋1枚につき1事例を記入します。この時，「1日5時間以上ネットを使っている」，「食事中にもスマホをさわっている」などの記述が想定されます。その後，グループで各人が付箋に書いた内容を発表し，グループのメンバーが考えた全ての事例を基に使い過ぎの程度が高いと思う順番に付箋の並べ替えを行います。並べ替えたものに対して，「高」「中」「低」の3段階に区切りを行い，それぞれの程度から3事例ずつ模造紙にまとめていきます。その後，各グループでまとめられた内容と程度を発表します。この活動を通して，自分たちのグループと他のグループとの使い過ぎだと思う内容や程度のズレを認識することがで

きるため，同じ教室の中でも使い過ぎだと感じる内容が違うということを知ることができます。また，他のグループが作成した尺度にあてはめてみると，自分はどの程度の依存度になるかということを把握することも違いを知るきっかけとなるでしょう。

最後にまとめとして，「相手との『感覚のちがい』を意識して，『どんな使い方なら適切か』を考えながら，使い方のルールを見直してみよう」ということを説明します。以上を授業①として，授業の開発を行いました（表9-1）。

表9-1 授業①の概要

学習活動（時間）
1．【導入】授業テーマの説明（10分） ①ネットやゲームの長時間利用によって生じる問題を紹介する。 ②なぜ，ネットやゲームを使いすぎてしまうのかを考える。 ・相手がいることで，やめられなくなってしまう。 ・ゲームや動画サイトなど，たくさん遊んでもらう工夫がされている。
2．【活動①】どれくらいがネットの「使いすぎ」？（15分） ①個人で五つのカードの中から「ここからは使いすぎだろう」と感じる時間のカードを選び，一斉にグループの中で選んだカードを提示する。 ②選んだ理由についてグループ内で共有する。
3．【活動②】使いすぎ尺度を作成してみよう！（20分） ①「この人，ネットや情報端末を使い過ぎているな」と感じる事例を付箋に記入する。 ②グループで付箋に書いた内容を発表し，使いすぎの程度が高い順番に並べ替える。 ③グループで並べ替えた事例を，使いすぎ度「高」「中」「低」に分ける。 ④「高」「中」「低」それぞれの中から3つずつ事例を選び，模造紙にまとめる。 ⑤他のグループが作成した使いすぎ尺度を見て，自分が当てはまるものはないか確認する。
4．【まとめ】（5分） 本時の学習について以下の内容のまとめを行う。 ・相手との「感覚のちがい」を意識して，「どんな使い方なら適切か」を考えながら使い方のルールを見直してみよう

■授業②「ネットを使い過ぎないための工夫を考えよう」

　授業②では，導入＋3つの活動＋まとめで構成しています。まず導入では，授業テーマの確認を行います。具体的には，ネットやゲームの長時間利用をすると様々な問題が生じることや人によって使い過ぎと感じる時間の感覚に差があることを説明します。

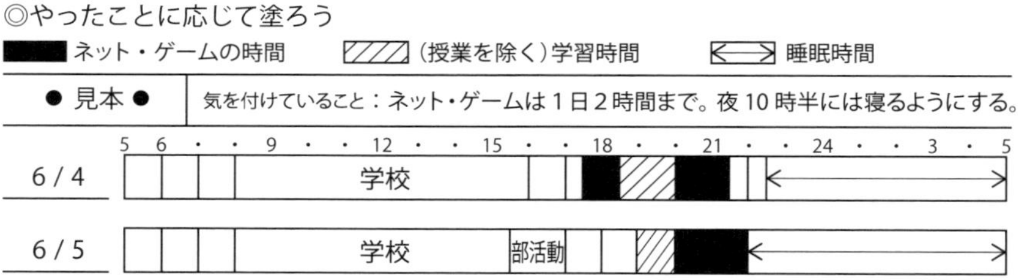

図 9-1　時間グラフの見本

　活動①では，自分が普段どのように時間を使っているかを知るために自分の日常の生活時間をグラフに示します。その際，時間グラフのワークシート（図 9-1）を用いて，個人で作成を行います。その後，グループ内でお互いの生活グラフを比較し，ネットやゲームの利用時間や睡眠時間など生活時間について比較を行わせます。

　活動②では，ゲームを使いすぎてしまう要因について考えます。ゲームやネットが「楽しい」という理由以外に使い過ぎてしまう要因にはどのようなものがあるのか，個人で考えさせた後にグループで共有します。その後，例として「スマホがすぐ手に取れる場所にある」などの環境的な要因や「何もしていない時間が嫌い」などの心理的な要因，「友達にゲームに誘われる」などの対人的な要因が挙げられることを説明します。

　活動③では，「タイムマネジメントの方法」について紹介します。具体的には，①やるべきこと，やりたいことを書き出す，②それぞれにかかる時間を予想する，③取り組む順番を変えるの3つの手順を説明します。さらに，この中で，最も練習が必要な手順として②それぞれにかかる時

間を予想することを体験させます。ここでは、「自分の名前を 10 回書くとしたら、どれくらいの時間がかかるか」を予想させ、実際に時間を計測してみます。この活動をすることで、実際の時間の予想の難しさを体験することができます。

表 9-2 授業②の概要

学習活動（時間）
1.【導入】授業テーマの説明（5 分） ネットやゲームの長時間利用をすると様々な問題が生じることや人によって使い過ぎと感じる時間の感覚に差があることを説明する。
2.【活動①】時間グラフを作成してみよう！（20 分） 自分が普段どのように時間を使っているかを知るために、24 時間の時間の使い方を記入する。その後、グループでお互いの時間グラフを比較する。
3.【活動②】ゲームを使い過ぎてしまう要因を考えよう！（10 分） ゲームやネットが「楽しい」以外に、自分が使いすぎてしまう要因を考える。 ・環境的な要因…通知音が ON になっている、スマホがすぐ手に取れる場所にあるなど ・心理的な要因…やる事を後回しにしてしまう、何もしていない時間が嫌いなど ・対人的な要因…友達にゲームに誘われる、SNS で他の人とつながりたいなど
4.【活動③】タイムマネジメントの方法を体験しよう！（10 分） タイムマネジメントの方法として、以下の 3 つの手順を説明する。 ・やるべきこと、やりたいことを書き出す ・それぞれにかかる時間を予想する ・取り組む順番を考える このうち、時間を予想することの難しさを体験するため、自分の名前を 10 回書くとしたら、どれくらいの時間がかかるかを予想し、実際に時間を計測してみる。
4. まとめ（5 分） ゲームやネットと上手に付き合っていくためには、普段からタイムマネジメントの方法を意識しながら、生活を見直していく必要があることを授業のまとめとして伝える。

最後にまとめとして、ゲームやネットと上手に付き合っていくためには、普段からタイムマネジメントの方法を意識しながら、生活を見直し

110　第 9 章　中学生を対象としたタイムマネジメントの力を育む授業の実践

ていく必要があることを説明します。以上を授業②として，開発を行いました（表 9-2）。

9.2　授業の実践

（1）実践の概要

実践は，Y 中学校 1 年生 8 人に 2 時間（50 分×2 コマ）で実施しました。

授業では，子どもたちが活動に対して，熱心に取り組む様子やグループのメンバーと積極的に意見交換する様子がみられました。特に，授業①で行った使いすぎ尺度を作成する活動では，作成された尺度の内容の違いに驚く様子もみられました。

図 9-2　実践の様子

グループ A が作成した使い過ぎ尺度では，「使いすぎ高」に「ゲームやスマホを 12 時くらいまでやっている」，「ひまつぶしのために 3 時間以上使っている」，「使いすぎでまわりが見えない」，「使いすぎ中」に「食事中にスマホを使っている」，「おふろにスマホを持っていく」，「授業に必要ない時でも端末を使っている」，「使いすぎ低」に「へやを暗くしてからもスマホを使っている」，「必要ないところにスマホを持って来ている」，「ゲームに課金している」が記述される結果となりました（図 9-3）。

グループ B が作成した使い過ぎ尺度では，「使いすぎ高」に「睡眠時間や勉強時間をけずってまで使っている」，「端末が近くにないと不安になる」，「月に 5,000 円以上の課金をしている」，「使いすぎ中」に「おふろや食事のときにもスマホをさわっている」，「止められてもやめられない」，「午後 11 時以降もオンラインゲームをする」，「使いすぎ低」に「ねる直前までスマホをさわっている」，「用事が終わっても画面を開いている」，「3.5 時間以上スマホを見ている」が記述される結果となりました（図

9-4)。

　AとBのグループともに，お風呂に入っているときや食事のときにスマホを触ることに対して「使いすぎ中」に分類していました。他方，Aグループが3時間以上の端末の利用で「使いすぎ高」と設定していたのに対して，グループBは3.5時間の利用を「使いすぎ低」と設定していました。このことから，今回授業を実践したクラスの中でも，使いすぎと感じる時間には差があることが判明しました。

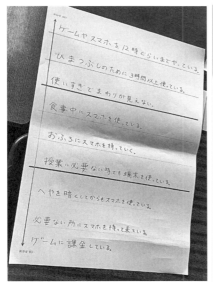 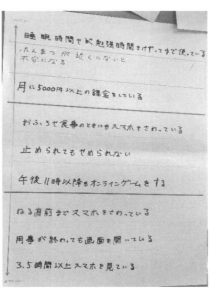

　　図9-3　グループAの使い過ぎ尺度　　　図9-4　グループBの使い過ぎ尺度

（2）実践の結果

　今回の実践では，授業の直前と直後，授業の約1か月後に質問紙調査を実施し，授業による行動や意識の変容を調査しました。

　まず，子どもたちの普段のネットやゲームの利用時間を調査したところ，授業の直前と授業から1か月後ではネットやゲームの利用時間が全体的に減少傾向となったことが確認されました（図9-5）。

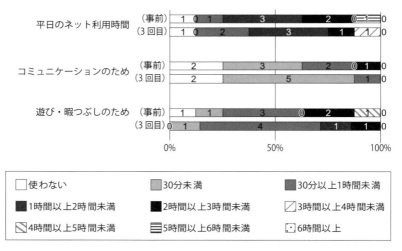

図 9-5 端末の利用時間に関する質問項目

　次に，端末に対する意識や行動に関することを尋ねる質問項目の結果を　比較すると，「自分はこれから『インターネット依存』になる可能性がある」「今のインターネットの使い方は正しくないと思う」という2つの項目で「全くあてはまらない」と回答した人数が減少していることが確認されました（図9-6）。このことから，「自分のネットやゲームの使い方は正しくないのかもしれない」といったネット利用に関する自覚を促せた可能性が考えられます。

　しかし，この2つの項目について授業から1か月後の調査結果をみてみると，事前の調査結果に似た傾向になっていることがわかりました。このことから，授業実践後の変化から効果を持続させるための継続的な支援や指導が必要であると考えられます。

　また，「現在，インターネットの利用が原因で，『視力の低下』など身体に影響が起きている」という質問項目について，1か月後の調査で「少しあてはまる」の回答が増加していることから，子どもたちが端末の利用において身体的な悪い影響があることを意識した可能性があります。

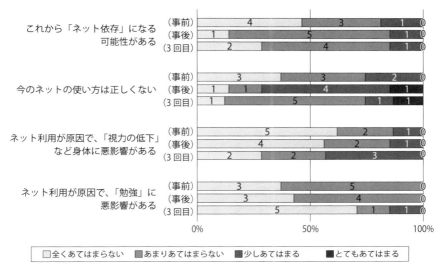

図 9-6 端末に対する意識や行動に関する質問項目

9.3 本章のまとめ

今回の実践では，ネットの長時間利用の感覚の違いに気づかせるとともに，それを踏まえた具体的な対応方法についても考えることをねらいとして行いました。その結果，実践の約 1 か月後において子どもたちのネットやゲームの利用時間が減少し，タイムマネジメントの力を育むことができたことが示唆されました。

しかし，授業の効果は一時的なものであり，1 か月後には効果が薄れてしまうことも明らかとなりました。このことから，情報モラル教育における行動変容を起こすためには，継続的な介入が必要であることが考えられます。

今後の情報モラル教育では，リスクを紹介するといった単発的な授業で終わらせるのではなく，タイムマネジメントの力を育みながら，子どもたちが自律的にネットやゲームを利用できるようにしていくことが必要となるでしょう。

【コラム③】中学校における情報モラル教育の現状と課題

（１）情報モラル教育の現状

　「情報モラル教育」と聞いてまず思い浮かべるのは外部講師による講演会ではないでしょうか。情報通信会社等の有識者を招く一斉授業型や，動画教材を使用する情報モラル教育が主流になっています。そもそもなぜ情報モラル教育が必要とされているのでしょうか。

　現行の学習指導要領への改訂の経緯では，「グローバル化の進展や絶え間ない技術革新等により，社会構造や雇用環境は大きく，また急速に変化しており，予測が困難な時代となっている」と述べられています。また，「様々な情報を見極め知識の概念的な理解を実現し情報を再構成するなどして新たな価値につなげていくこと（中略）が求められている」とも述べられています。つまり，日々進化し，発展していく社会の中で，様々な情報について見極め，それを活用していくことが必要になっているととらえることができます。また，位置づけとしては，学習指導要領総則の中で，「言語能力，情報活用能力（情報モラルを含む），問題発見・解決能力等の学習の基盤となる資質・能力を育成していく」ことを目標として教育課程を編成することとされており，学校教育において情報モラルを実施することが求められています。

　前述のように情報モラル教育が必要とされている中，長野市では毎年各学校において情報モラル年間計画を作成し，実施することとなっています。戸隠中学校では，学校教育の様々な場面での活用型情報モラル教育をベースとしつつ，年間２回の全校での情報モラル教育授業を実施しています。

　年間２回の全校での情報モラルでは１回は外部講師を招いての講演会，もう１回を生徒たち自身が考える情報モラル教育を実施しています。外部講師を招いての講演会では，従来から行われている，情報端末を使用する上での注意や，SNSでのトラブルを防ぐ方法など，知識伝達を目的とした情報モラル教育を行っています。この講演会は，長期休業前に改めて情報端末やSNSと向き合う機会にするために１学期後半に実施をしています。

　生徒たち自身が考える情報モラル教育は，2022年度より実施しており，常

葉大学教育学部の酒井研究室と協力して行っています。具体的には，2022年度には，ICTの上手な活用法を考えることをテーマに授業を実施しました。LINEみらい財団の「楽しいコミュニケーションを考えよう！」の教材を使用し，生徒たちがそれぞれ，5枚のカードを「イヤな順」に並べ，それをグループごとに比較することで，イヤなことの感じ方がそれぞれ違うことを実感しました。お互いにイヤだと感じることが違うことを感じることで，「人のイヤなことをしない」という認識がはらむ危険性について考えました。自分と相手の気持ちが同じだろうという思い込みからトラブルに発展する可能性があることを考えることができました。また，不適切情報の発信を防ぐために，表現する場や内容について考える必要性について学習しました。

　2023年度の実践では，適切なネット利用をテーマに学習を行いました。いわゆるゲーム依存やスマホ依存となってしまうことを防ぐために使い過ぎ尺度を生徒たち自身で作成しました。「この人ネットや情報端末を使い過ぎているな」と感じる事例を付箋に書き，それをグループごとに模造紙に張りました。その後，使い過ぎの程度が高いものから順番に並べ替え，使い過ぎ度を「高・中・低」の3つの区分に分けました。グループごとに作成した使い過ぎ尺度を比較することで，自分は使い過ぎていないと思っていることも他人から見ると使い過ぎていると分類されるなど，感じ方の違いや，ネット使用に対する認識の違いを生徒たちはお互いに感じることができました。また，この実践では，教員が生徒たちの感覚との大きな違いを感じることができ，教員にとってもその後の指導を考える良い機会になりました。

　使い過ぎ尺度の実践は，生徒と保護者との感覚の違いを認識することもできるため，参観日での実践も良いかもしれません。また，使い過ぎ尺度の作成後に学校や学級，家庭でのルール作りをすることも有効です。実際に戸隠中学校ではこの実践後に生徒とともにルールについて考える時間をとりました。そこで大切にしたことは，ルールは，自分たちが現実的に守れるものにすることです。そして，漠然としたスローガン的なルールではなく，具体的なものにすることでそれを守っていくことができるでしょう。

　戸隠中学校では前述した実践を行いながら，生徒の実態に即した情報モラ

ル教育となるように日々改善しています。生徒たちに必要な指導となるようアセスメントも重視していくことも大切です。

（2）情報モラル教育の課題

　情報モラル教育を実施していく上で課題も残されています。多くの学校で課題となっているのは誰が指導するのかではないでしょうか。先に述べたように現在多くの学校で実施されている情報モラル教育といえば，外部講師による講演会形式の授業でしょう。その理由の一つが学校に情報モラルに精通した教員が少ないことだと考えられます。情報モラルの授業は，技術科の情報分野以外では特別活動等の各クラスで扱える時間の中で取り扱うことが考えられますが，学級担任の誰もが情報端末や流行のSNSに詳しいわけではありません。専門外の情報モラル教育の授業を行うことは大きな負担になることでしょう。講演会形式や動画教材による知識伝達ももちろん重要ではありますが，それだけでは情報活用能力の育成にとって十分とは言えないでしょう。

　こうした課題を解決するためにも，学校を所管する自治体が研修の機会を確保するとともに，教員が積極的に情報を収集し，研修に参加するなどしていく必要があるでしょう。また，最新の研究や，教材にも触れ，実践を積み重ねていくことが大切です。

　第1章でも述べられているように，「絶え間ない技術革新」により，日々情報端末もSNSの流行も進化し，変化しています。その中で我々現場に立つ教員が果たすべき役割について考えるとともに，知識や実践を地道に積み重ねていくことを続けていく必要があるでしょう。

参考文献

［第1章］

可知穂高・安永太地・酒井郷平・塩田真吾 2021 発達段階に応じて身につけるべき情報活用能力の検討．コンピュータ＆エデュケーション，50，pp.100-110．

満下健太・酒井郷平・西尾勇気・半田剛一・塩田真吾 2020 子どもの情報機器活用に関わるトラブルのリスクアセスメント．日本教育工学会論文誌，44, 1, pp.75-84．

文部科学省 2023 端末の利活用状況等の調査結果を踏まえた対応について．https://www.mext.go.jp/kaigisiryo/content/20230516-mxt_jogai02-000029578_07.pdf （参照日 2024.12.19）

内閣府 2023 令和4年度青少年のインターネット利用環境実態調査．https://www.cfa.go.jp/assets/contents/node/basic_page/field_ref_resources/9a55b57d-cd9d-4cf6-8ed4-3da8efa12d63/6527c9ee/20231004_policies_youth-kankyou_internet_research_results-etc_05.pdf （参照日 2024.12.19）

内閣府 2024 令和5年度青少年のインターネット利用環境実態調査．https://www.cfa.go.jp/assets/contents/node/basic_page/field_ref_resources/9a55b57d-cd9d-4cf6-8ed4-3da8efa12d63/98ae45a9/20240329_policies_youth-kankyou_internet_research_results-etc_10.pdf （参照日 2024.12.19）

文部科学省 2023 義務教育段階における1人1台端末の整備状況（令和4年度末時点）．https://www.mext.go.jp/content/20230711-mxt_shuukyo01-000009827_01.pdf （参照日 2024.12.19）

酒井郷平・塩田真吾 2019 中学生を対象としたLINEでのコミュニケーションにおけるリスク評価の分析．日本教育工学会論文誌，43(Suppl.)，pp.153-156．

酒井郷平・塩田真吾・江口清貴 2016 トラブルにつながる行動の自覚を促す

情報モラル授業の開発と評価－中学生のネットワークにおけるコミュニケーションに着目して－．日本教育工学会論文誌，39(Suppl.)，pp.89-92.

塩田真吾・髙瀬和也・酒井郷平・小林渓太・藪内祥司 2018 当事者意識を促す中学生向け情報セキュリティ教材の開発と評価－「あやしさ」を判断させるカード教材の開発－．コンピュータ ＆ エデュケーション，44，pp.85-90.

髙瀬和也・齋藤唯・可知穂高・塩田真吾 2023 サボタージュ分析に基づく自画撮りトラブル防止教材の開発と評価．コンピュータ＆エデュケーション，55，pp.92-97.

[第2章]

James O. Prochaska & Carlo C. Diclemente, Transtheoretical therapy : toward a more integrative approach. Psychotherapy. Theory, Research, Practice. 1982 ; 19 : 278-88.

松村真宏 2016 仕掛学－人を動かすアイデアのつくり方－ 東洋経済新報社

満下健太・安永太地・酒井郷平・塩田真吾 2022 情報モラルの知識がトラブル経験頻度に及ぼす影響．日本教育工学会論文誌，46（Suppl.），pp.61-64.

宮本秀雄 2018 小学校通常学級における朝の会および授業開始時の問題行動の改善を目指した相互依存型集団随伴性の適用．行動分析学研究，32(2)，pp.127-137.

酒井郷平・塩田真吾・江口清貴 2016 トラブルにつながる行動の自覚を促す情報モラル授業の開発と評価：中学生のネットワークにおけるコミュニケーションに着目して．日本教育工学会論文誌，39（Suppl.），pp.89-92.

清水小雪・石切山大・酒井郷平 2024 子供たちの情報モラルに関する行動改善を目指した教育手法の検討－学校における情報端末の過剰利用の問題を対象として－．『常葉初等教育研究第9号』，常葉大学教育学部初等教育課程，pp.51-64.

玉田和恵・松田稔樹 2009 3種の知識による情報モラル指導法の改善とその

効果. 日本教育工学会論文誌, 33 (Suppl.), pp.105-108.
吉野智富美・吉野俊彦 2021 プログラム学習で学ぶ行動分析学ワークブック　学苑社

［第3章］

赤林朗・児玉聡（編）　2018　入門・倫理学　勁草書房

C.シャノン・W.ウィーバー（植松友彦訳）2009　通信の数学的理論　筑摩書房

H.L.A.ハート（長谷部恭男訳）　2014　法の概念　筑摩書房

J.S.ミル（関口正司訳）　2020　自由論　岩波書店

野田恵子 2006 イギリスにおける「同性愛」の脱犯罪化とその歴史的背景－刑法改正法と性犯罪法の狭間で－，ジェンダー史学，2(0)，pp.63-76.

小野厚夫 2005 情報という言葉を尋ねて（1），情報処理，46(4), pp.347-351.

髙橋慈子 2015 情報通信社会とインターネット，進化と変遷，髙橋慈子・原田隆史・佐藤翔・阿部普典『情報倫理―ネット時代のソーシャル・リテラシー―』技術評論社，pp.19-32.

渡邊淳司 2014 情報を生み出す触覚の知性―情報社会をいきるための感覚のリテラシー―，化学同人

［第4章］

文化庁 2023 令和5年度著作権セミナーAIと著作権

https://www.bunka.go.jp/seisaku/chosakuken/pdf/93903601_01.pdf（参照日 2024.9.24）

文化庁 文化審議会著作権分科会法制度小委員会 2024 AIと著作権に関する考え方について

https://www.bunka.go.jp/seisaku/bunkashingikai/chosakuken/pdf/94037901_01.pdf（参照日 2024.9.24）

E.Pariser . 2011 The filter bubble: What the Internet is hiding from you. penguin UK.

M. Caldwell, J. T. A. Andrews, T. Tanay &L. D. Griffin 2020 AI-enabled future crime, Crime Science, 9(14).

M. Cinelli, G. De Francisci Morales, A. Galeazzi, W. Quattrociocchi, & M. Starnini 2021 The echo chamber effect on social media, Proceedings of the National Academy of Sciences, 118(9), e2023301118.

満下健太・安永太地・酒井郷平・塩田真吾 2023 情報モラルの知識がトラブル経験頻度に及ぼす影響. 日本教育工学会論文誌, 46(Suppl.), pp.61-64.

文部科学省 2017 小学校学習指導要領(平成29年告示)解説総則編 東洋館出版

文部科学省 2017 中学校学習指導要領(平成29年告示)解説技術・家庭科編 開隆堂出版

文部科学省 2018 高等学校学習指導要領(平成30年告示)解説情報編 開隆堂出版

文部科学省 2023 初等中等教育段階における生成AIの利用に関する暫定的なガイドライン

https://www.mext.go.jp/content/20230718-mtx_syoto02-000031167_011.pdf （参照日 2024.9.24）

NTTドコモ モバイル社会研究所ホームページ 2023年11月に首都圏を対象に実施された調査から引用

https://www.moba-ken.jp/project/children/kodomo20240411.html （参照日 2024.9.24）

R. Williams, S. Ali, N. Devasia, D. DiPaola, J. Hong, S. P. Kaputsos, B. Jordan, C. Breazeal 2023 AI + Ethics Curricula for Middle School Youth: Lessons Learned from Three Project-Based Curricula, International Journal of Artificial Intelligence in Education, 33, 325-383.

酒井郷平・塩田真吾 2020 中学生を対象としたLINEでのコミュニケーションにおけるリスク評価の分析, 日本教育工学会論文誌, 43(Suppl.), pp.153-156.

髙野慧太 2021 著作権侵害の要件 前田健・金子敏哉・青木大也(編) 図録知

的財産法 弘文堂 pp.34-35.

[第5章]

畑島隆・谷本茂明・金井敦　2017 情報セキュリティ疲れ：情報セキュリティコンディションマトリクスの提案. 情報処理学会研究報告セキュリティ心理学とトラスト, Vol.2017-SPT-024, No.30, pp.1-7.

Jones, E.E. & Nisbett, R.E. 1972 "The Actor and the Observer: Divergent Perceptions of the Causes of Behavior". In Jones, E.E., Kanouse, D.E., Kelley, H.H., Nisbett, R.E., Valins, S. & Weiner, B. (Eds.), Attribution: Perceiving the Causes of Behavior, 79-94. Morristown, NJ: General Learning Press.

Kaspersky Labs Japan HP，情報セキュリティ啓発教材：ネットの「あやしい」を見きわめよう GIGAスクール版
https://kasperskylabs.jp/activity/giga/index.html（参照日 2024.10.31）

警察庁生活安全局人身安全・少年課 2024 令和5年における少年非行及び子供の性被害の状況
https://www.npa.go.jp/bureau/safetylife/syonen/pdf_r5_syonenhikoujyokyo_kakutei.pdf（参照日 2024.10.31）

文部科学省 2017a 小学校学習指導要領（平成29年告示）解説　総則編

文部科学省 2017b 中学校学習指導要領（平成29年告示）解説　総則編

文部科学省 2018 高等学校学習指導要領（平成29年告示）解説　総則編

文部科学省 2020 次世代の教育情報化推進事業（情報教育の推進等に関する調査研究）成果報告書 情報活用能力を育成するためのカリキュラム・マネジメントの在り方と授業デザイン：令和元年度 情報教育推進校（IE-School）の取組より，pp.16-17.

文部科学省 HP 公立学校教職員の人事行政の状況調査について
https://www.mext.go.jp/a_menu/shotou/jinji/1318889.html（参照日 2024.10.31）

小松原明哲 2016 安全人間工学の理論と技術：ヒューマンエラーの防止と現場力の向上 丸善出版

越智啓太 2018 情報セキュリティ行動を促進・抑制する要因 法政大学文学部紀要，77，pp.77-104.

静岡県警察 HP 学校で活用を！大学との協働作成教材
https://www.pref.shizuoka.jp/police/kurashi/bohan/shounen.html/jigadori.html
（参照日 2024.10.31）

田川きのこ HP イラストまとめ https://kinoko-t.com/（参照日 2024.10.31）

髙瀬和也・齋藤唯・可知穂高・塩田真吾 2023 サボタージュ分析に基づく自画撮りトラブル防止教材の開発と評価 コンピュータ＆エデュケーション，コンピュータ利用教育学会，Vol.55，92-97.

髙瀬和也・酒井郷平・塩田真吾 2018 ヒューマンエラー対策手法を用いた個人情報漏洩を防ぐ教員研修教材の開発と評価：学校における情報セキュリティリスクに対する自覚意識の向上を目指して．コンピュータ＆エデュケーション，45，pp.115-120.

［第 6 章］

可知穂高 2024 進路多様校を対象とした総合的な探究の時間におけるライフキャリア学習プログラムの開発と評価－20 年後の社会における人生役割，及びリスクの変化を意識して－．日本基礎教育学会紀要，29，pp.21-29.

可知穂高・小田三成・塩田真吾 2024 学校教育段階における余暇教育・余暇支援に関する国内の研究動向の到達点と課題：余暇の充実を目的としたライフキャリア教育の実践に向けて．静岡大学教育実践総合センター紀要，34，pp.45-55.

可知穂高・塩田真吾 2024 高校生を対象とした余暇のイメージに関する実態の調査・分析－生涯における余暇の充実を目指したライフキャリア教材の開発に向けて－．余暇ツーリズム学会誌，11，pp.35-46.

河崎智恵 2011 ライフキャリア教育における能力領域の構造化とカリキュラムモデルの作成．キャリア教育研究，29(2)，pp.57-69.

こども家庭庁 2024 令和 5 年度　青少年のインターネット利用環境実態調査報告書 令和 6 年 3 月．

https://www.cfa.go.jp/policies/youth-kankyou/internet_research/results-etc/r05 （参照日 2024.8.28）

国立教育政策研究所 2017 OECD 生徒の学習到達度調査 PISA2015 年調査国際結果報告書 生徒の Well-being（生徒の「健やかさ・幸福度」）. https://www.nier.go.jp/kokusai/pisa/pdf/pisa2015_20170419_report.pdf（参照日 2023.12.18）

公益財団法人日本生産性本部余暇創研 2023 「レジャー白書2023」（速報版）詳細資料. https://www.jpc-net.jp/research/assets/pdf/app_2023_leisure_pre.pdf#page=1.00（参照日 2024.8.28）

小田三成・可知穂高・安永太地・森戸香菜子・塩田真吾 2024 高校生を対象とした「余暇を広げる」ための授業の開発と評価－ライフキャリアを意識した余暇教育に向けて－. 余暇ツーリズム学会誌, 11, pp.61-71.

財団法人日本レクリエーション協会編著 1998 レジャー・カウンセリング 大修館書店, p.32.

酒井郷平・塩田真吾 2018 中学生を対象としたインターネット依存傾向への自覚を促す情報モラル授業の開発と評価－子ども自身による「インターネット依存度合い表」の作成を通して－. コンピュータ＆エデュケーション, 44, pp.42-47.

Super, D.E. 1953 A theory of vocational development. America Psychologist, 8(5), pp.185-190.

束原昌郎 1981 余暇，生きがい，生涯教育に関する一考察. 東京学芸大学紀要5部門, 33, p.197.

丸山実子 2016 高等学校・大学におけるライフキャリア教育の実践. 奈良教育大学教職大学院研究紀要, 8, pp.67-75.

文部科学省【資料8】ウェルビーイングの向上について（次期教育振興基本計画における方向性）. 中央教育審議会教育振興基本計画部会（第13回）会議資料. https://www.mext.go.jp/kaigisiryo/content/000214299.pdf（参照日 2023.12.18）

文部科学省 情報化社会の新たな問題を考えるための教材～安全なインター

ネットの使い方を考える～「教材②身近にひそむネットの使いすぎ（全編）」「教材⑯スマートフォンやタブレットなどの使いすぎ（全編）」．https://www.mext.go.jp/a_menu/shotou/zyouhou/1368445.htm（参照日 2024.8.28)

文部科学省 2023 中学校・高等学校 キャリア教育の手引－中学校・高等学校 学習指導要領（平成29年・30年告示）準拠－令和5年3月．https://www.mext.go.jp/a_menu/shotou/career/detail/mext_00010.html（参照日 2024.8.28）

[第7章]

広島県教科用図書販売株式会社 事例で学ぶNetモラル．https://www.hirokyou.co.jp/netmoral/（参照日 2024.8.16）

一般社団法人日本教育情報化振興会 ネット社会の歩き方．http://www2.japet.or.jp/net-walk/（参照日 2024.8.16）

窪 健斗 2024 GIGAスクール時代における情報モラル教材の開発・実践・評価－長期的・系統的な視点と教員の負担感に着目して－．静岡大学教職大学院 教育実践高度化専攻 成果報告書，pp.178-183．

LINEみらい財団 2021 一人一台端末環境におけるICT活用と 情報モラル教育の実践に関する調査報告書．https://d.line-scdn.net/stf/linecorp/ja/csr/ICT_moral_report_20210805.pdf（参照日 2024.8.16）

文部科学省 情報化社会の新たな問題を考えるための教材．https://www.youtube.com/playlist?list=PLGpGsGZ3lmbAOd2f-4u_Mx-BCn13GywDI（参照日 2024.08.16）

文部科学省 情報モラル学習サイト．https://www.mext.go.jp/moral/#/（参照日 2024.8.16）

NHK NHK for School. https://www.nhk.or.jp/school/（参照日 2024.8.16）

石切山大・酒井郷平 2023 小中学校の校務に対する「負担感」と「ICT活用による負担軽減方法の認知」に着目した課題の整理．コンピュータ利用教育学会誌, 55, pp.102-105.

一般財団法人LINEみらい財団 2023 GIGAスクール構想における情報モラ

ル教育の実状等に関する調査.
https://line-mirai.org/ja/report/detail/19 （閲覧日 2024.10.13）
文部科学省 2023 教員実態調査（令和4年度）集計速報値.
https://www.mext.go.jp/content/20230428-mxt_zaimu01-000029160_1.pdf

［第8章］
LINEみらい財団「新たな活用型情報モラル教材『GIGAワークブック』」
https://line-mirai.org/ja/events/detail/new/41 （参照日 2024.12.18）

［第9章］
LINEみらい財団「新たな活用型情報モラル教材『GIGAワークブック』」
https://line-mirai.org/ja/events/detail/new/41 （参照日 2024.12.18）

編著者紹介

酒井　郷平（さかい　きょうへい）
常葉大学教育学部　准教授
専門分野：教育工学，情報教育
（担当箇所：第2章，第8章，第9章）

塩田　真吾（しおた　しんご）
静岡大学教育学部　准教授
専門分野：教育工学，情報教育
（担当箇所：第1章）

著者紹介

中村　美智太郎（なかむら　みちたろう）
静岡大学教育学部　准教授
（担当箇所：第3章）

小林　渓太（こばやし　けいた）
福井大学教育学部　講師
（担当箇所：第4章）

髙瀬　和也（たかせ　かずや）
鹿児島大学大学院教育学研究科　助教
（担当箇所：第5章）

可知　穂高（かち　ほだか）
静岡県立浜松江之島高等学校　教諭
（担当箇所：第6章）

窪　健斗（くぼ　けんと）
静岡市立東源台小学校　教諭
（担当箇所：第7章）

石切山　大（いしきりやま　だい）
常葉大学大学院学校教育研究科　1年
（担当箇所：コラム①）

清水　小雪（しみず　こゆき）
常葉大学教育学部　4年
（担当箇所：第8章，第9章）

榛葉　貴博（しんば　たかひろ）
掛川市立西郷小学校　教諭
（担当箇所：コラム②）

新井　雅貴（あらい　まさき）
長野市立戸隠中学校　講師
（担当箇所：コラム③）

2025年4月24日　　　　　　　初　版　第1刷発行

Society5.0時代における　情報モラル教育の理論と実践
― リスクへの「自覚」と「対応力」の育成を目指して ―

編著者　酒井郷平／塩田真吾　©2025
著　者　中村 美智太郎／小林渓太／髙瀬和也／
　　　　可知穂高／窪 健斗／石切山 大／清水小雪／
　　　　榛葉貴博／新井雅貴
発行者　橋本豪夫
発行所　ムイスリ出版株式会社

〒169-0075
東京都新宿区高田馬場4-2-9
Tel.03-3362-9241(代表)　Fax.03-3362-9145
振替 00110-2-102907

カット：山手澄香　　　　ISBN978-4-89641-349-6　C3055